Annette Schmitt

Beagle

Premium Ratgeber

bede bei Ulmer

Inhalt

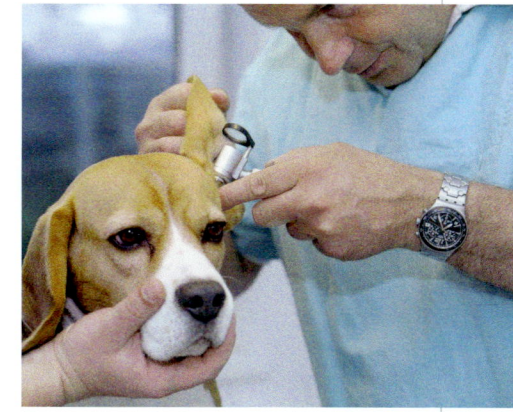

Von den Ursprüngen zur Reinzucht

Seit jeher wird der Beagle zur Hasenjagd eingesetzt. Er gilt als kleinster Meutehund der Welt.

Der Beagle gilt als kleinster Meutehund der Welt, der seit jeher zur Hasenjagd eingesetzt wird. Über seine Herkunft existieren unterschiedliche Meinungen. Fakt ist jedoch, dass der Beagle eine der ältesten Jagdhunderassen überhaupt ist. Manche Autoren nehmen an, dass der bunte Vierbeiner von antiken, griechischen Laufhunden abstammt, denn bereits zu Zeiten Xenophons (430 bis 355 v. Chr.) war die Hasenjagd mit kleinen Laufhunden populär. Von Griechenland aus könnten die Hunde nach Rom gekommen sein und später bei der Eroberung der Britischen Inseln durch die Römer nach Großbritannien. Vielleicht ist der Beagle aber auch eine Kleinform des Southern Hound, der ursprünglich aus der britischen Provinz Gascogne im Süden Frankreichs stammt. Von diesen Southern Hounds soll der Beagle seine feine Nase, seinen Finderwillen und die unzähmbare Jagdpassion mit einem sicheren Spur- und Fährtenlaut haben. Durch Kreuzungen kleiner Southern Hounds mit Northern Hounds oder Talbots, einer alten englischen Meutehunderasse, die zwischen den Jahren 1066 und 1087 durch die Normannen auf die britischen Inseln kam und dem Beagle Ausdauer, Kraft, Fährtentreue und einen starken Hetztrieb vererbte, könnten die

Kleinere Southern Hounds wurden um 1400 mit Northern Hounds oder Talbots gekreuzt. Dies könnten die Ahnen des heutigen Beagles sein.

In England verstand man unter der Bezeichnung „Beagle" noch im 17. Jahrhundert ganz allgemein einen kleinen Jagdhund.

Ahnen des heutigen Beagles um 1400 entstanden sein. Ziel war es schon damals, einen kleinen, feinnasigen, spurtreuen und -lauten Hund zu züchten, der das Wild (vornehmlich Hasen und Kaninchen) ausdauernd auf der Fährte verfolgt.

Die bunten Hunde erobern England

Die Bezeichnung „Beagle" taucht erstmals 1475 im Buch „The Squire of Low Degree" auf. Die Herkunft dieses Wortes ist ebenfalls umstritten: Entweder stammt es vom Altenglischen „begle" ab oder vom Keltischen „beag", beziehungsweise vom Altfranzösischen „beigh". All diese Begriffe bedeuten „klein". Möglich sind auch Ableitungen von den französischen Begriffen „béenguele" (= lauthals), „briquet" (= kleiner Laufhund) oder „bugle" (= tönen). Noch im 17. Jahrhundert verstand man in England unter der Bezeichnung „Beagle" ganz allgemein einen kleinen Jagdhund. Selbst das Wort „Basset" wurde beispielsweise in einem französisch-englischen Lexikon mit „Beagle" übersetzt.

Im englischen Königshaus hielten die hübschen Bracken zur Zeit König Heinrichs VIII. (1509–1547) Einzug; von da an begann auch die königliche Zucht. Da der Beagle ein relativ

Vor rund 200 Jahren gab es einen gewaltigen züchterischen Aufschwung in England. Nun konnten es sich auch reiche Bürger leisten, mit einer Meute zu jagen.

langsamer Laufhund ist, galt er früher besonders bei betagteren Hundeführern als beliebter Jagdbegleiter. Außerdem bei weniger wohlhabenden Landleuten, die sich keine Reitpferde leisten konnten und daher zu Fuß auf die Hasenjagd gingen. Diese Art der Jagd wurde auch als „Beagling" bezeichnet. War es nicht möglich, selbst eine ganze Meute zu halten, brachten Besitzer von Einzelhunden oder Koppeln (Zweiergespann) ihre Vierbeiner anlässlich einer Jagd zusammen. Ab 1800 gab es einen enormen züchterischen Aufschwung in England, denn nun konnten es sich auch reiche Bürger leisten, mit einer Meute zu jagen. Die Züchter waren jetzt nicht mehr nur an einer hervorragenden jagdlichen Leistung ihrer Hunde interessiert, sondern hatten zudem den Ehrgeiz, eine möglichst homogene Meute hinsichtlich Größe und Aussehen sowie Harmonie des „Geläutes" (= Bellen) zu präsentieren. Das äußere Erscheinungsbild der Rasse vereinheitlichte sich daher zusehends, zumindest innerhalb der Meuten; auch die enorme Vielfalt der Fellfarben und -zeichnungen reduzierte sich allmählich.

Meutejagden gewinnen an Beliebtheit

1845 wurde der Beagle in „The History of the Dog" unter den vier Houndrassen Staghound, Foxhound, Harrier und Beagle als der Kleinste und Langsamste mit einer sehr wohlklingenden Stimme beschrieben. Schon die damaligen Beagles zeichneten sich durch eine hervorragende Nase aus. Die fehlende Schnelligkeit wurde durch Ausdauer wettgemacht. So konnte eine Hasenhetze ohne Weiteres drei bis vier Stunden anhalten. Eine der ältesten Meuten, die bis heute fortbesteht, ist die „Royal Rock"-Meute. Colonel A. Thompson gründete sie 1845 mit sechs Hunden, heute besteht sie aus etwa 40 Tieren. Zu den berühmtesten Meuten des 19. Jahrhunderts zählen die verschiedener Colleges. 1867 gab es in England 18 Meuten (= Packs). In manchen Gegenden wurden die bunten Hunde auch zur Jagd auf Flugwild sowie zur Laufjagd und im Zusammenspiel mit Windhunden zur Hasenhetze eingesetzt. 1877 führte man erstmals auf einer Ausstellung eine Schleppjagd mit einer ganzen Beagle-Meute zur Unterhaltung der Zuschauer vor. 1895 existierten in England bereits 44 Packs mit jeweils bis zu 40 Hunden. Dies zeigt das wachsende Interesse der Briten an der Meutejagd.

Schon immer zeichnete sich der Beagle durch eine hervorragende Nase aus.

„Puppy Walking" wurde ins Leben gerufen, um die Meuten dauerhaft finanzieren zu können.

Der Beagle wird zum Familienhund

Um die Meuten dauerhaft finanzieren zu können, rief man das „Puppy Walking" ins Leben: Welpen aus der Meute wurden nach deren Entwöhnung von der Mutterhündin zur weiteren Aufzucht bis zu ihrem ersten Lebensjahr an Familien abgegeben. Nach Ablauf dieses Jahres fand eine „Puppy-Show" statt, bei der sich schließlich herausstellte, welche Hunde für die Meutejagd taugten und welche nicht. Alle ungeeigneten Tiere verkaufte man oder übernahmen die vorherigen Patenfamilien. Somit gewann der Beagle zunehmend als reiner Familienhund an Bedeutung. 1890 erfolgte die Gründung des englischen Beagle-Clubs, der allen Beaglebesitzern, egal ob Jäger oder Nichtjäger, offen stand. Besitzer von Jagdmeuten schlossen sich 1891 in einer eigenen Vereinigung, der „Association of Masters of Harriers and Beagles" zusammen.

Die Rasseanerkennung durch den Kennel Club erfolgte bereits 1873.

Vereinheitlichung der Rasse

Mit der Clubgründung 1890 wurde der Beagletyp allmählich vereinheitlicht, denn auch ein Standard entstand. Vorher gab es einerseits sehr schwere Hunde, die dem Basset ähnelten und andererseits leichte, schnelle, die sich möglicherweise durch Harrier-Einkreuzungen bildeten. Außerdem existierten noch Ende des 19. Jahrhunderts glatt-, rau- und drahthaarige Beagles. Die rauhaarigen Vertreter, die eine graue Fellzeichnung hatten, entstanden wohl durch Verpaarungen mit Foxterriern. Sie erwiesen sich als die schärfsten Hunde und kamen bei der Jagd auf Fuchs und Dachs zum Einsatz. Die meisten Beagles hatten die bekannte Foxhound-Farbe tricolor; es gab aber auch black-and-tan-farbige und fast weiße Hunde. Ihre Schulterhöhe variierte bis Ende des 19. Jahrhunderts noch zwischen 30 und 42 cm.

Heute gibt es in England zwei unterschiedliche Zuchtrichtungen: zum einen die Show-Beagles, die als reine Familien- und Ausstellungshunde gelten und deren Zucht hauptsächlich in Frauenhand ist. Zum anderen die Arbeits-Beagles, die hauptberuflich im Revier helfen; sie werden in der Regel von Meutebesitzern und Waidmännern gezüchtet.

Noch heute existieren in England etwa 90 Meuten und in Irland an die 30. Jährlich

Zwei unterschiedliche Zuchtrichtungen gibt es heute in England – die Show-Beagles und die Arbeits-Beagles.

werden um die 2000 Welpen in das Zucht-
buch des Kennel Clubs eingetragen. Auch die
reinen Show-Beagles hatten bis weit in das 20.
Jahrhundert hinein ihren Ursprung in den
Meute-Zuchten.

Nach Amerika kamen die ersten Beagles 1880.
Bereits 1888, also zwei Jahre vor der Gründung
des englischen Clubs, entstand hier ein Rassezuchtverein. Inzwischen werden in den USA
zwei verschiedene Beagle-Varianten gezüchtet: kleine Exemplare mit einer maximalen
Schulterhöhe von 33 cm und größere Beagle
mit bis zu 38 cm Schulterhöhe.

*Im deutschsprachigen Raum, also in Deutschland,
Österreich und der Schweiz, verbreitete sich der
Beagle erst in den 1970er-Jahren.*

„Elizabeth Beagle"

*Im Laufe der Zeit entwickelten sich immer
wieder neue Beagle-Varianten, die unter
ganz eigenen „Rassenamen" bekannt waren,
wie beispielsweise der „Elizabeth Beagle".
Königin Elizabeth I. züchtete einen besonders kleinen Beagle-Schlag mit einer Schulterhöhe zwischen 18 und 22 cm. Die ganze
Meute konnte in den Satteltaschen eines
Pferdes zum Einsatzort transportiert werden.
Diese Winzlinge hatten eine sehr hohe Stimme, weshalb man sie auch „Singing Beagles"
nannte. Ähnliche Zwerg-Beagles wurden zu
dieser Zeit auch in anderen englischen
Adelshäusern gezüchtet; sie waren auch
unter den Namen „Rabbit-Beagle" (Kanin-
chenbeagle), „Pocket-Beagle" (Taschenbea-
gle), „Glove-Beagle" (Handschuhbeagle),
„Dwarf-Beagle" (Zwergbeagle) oder „Lap-
dog-Beagle" (Schoßhundbeagle) bekannt.
Diese Zwergformen sind im Laufe des 19.
Jahrhunderts wieder ausgestorben. Spätere
Zuchtversuche brachten keinen Erfolg mehr,
aber bis heute ist der Name „Elizabeth-Bea-
gle" noch in Frankreich für besonders klein-
wüchsige Beagle populär.*

Der Beagle kommt nach Deutschland

In Deutschland hielten die ersten Beagles nach
dem Zweiten Weltkrieg durch die Mitglieder
der Rheinarmee Einzug. Richtig Verbreitung
fand der englische Vierbeiner in Deutschland,
Österreich und der Schweiz erst in den 1970er-
Jahren. Zunächst wurde hauptsächlich mit
englischen Importen gezüchtet. 1972 gründete sich der Beagle Club Deutschland e. V.
(BCD). Ein Jahr später erfolgte die Aufnahme
des Vereins in den VDH. 1976 fand der BCD
Aufnahme im Jagdgebrauchshundeverband
e. V. (JGHV), dem Dachverband aller Jagd-
hundzucht- und Prüfungsvereine. Obwohl der
BCD zwar die jagdliche Zucht vorantreibt und
diverse Lehrgänge sowie Prüfungen anbietet,
sind die meisten BCD-Beagles doch reine Fa-
milien- und Ausstellungshunde. Um den
jagdlichen Belangen und somit der einstigen
Bestimmung der Beagles noch mehr Gewicht
zu geben, spaltete sich 1988 eine kleine Schar
gleichgesinnter Jäger vom BCD ab und gründete den Verein Jagd-Beagle e. V. (VJB). Auch
der VJB ist Mitglied im JGHV.

Im Rassestandard ist nachzulesen, wie ein tadelloser Beagle auszusehen hat.

Im Standard ist festgehalten, wie ein perfekter Hund einer Rasse auszusehen hat. Aber auch ein kurzer Einblick in Veranlagung und Wesen wird hier gegeben.

Der Rassestandard des Beagle wurde vom Kennel Club festgelegt und in etwa von der FCI übernommen.

FCI-Standard Nr. 161/24.07.2000/D
Übersetzung Jochen H. Eberhardt

Ursprung Großbritannien
Datum der Publikation des gültigen Originalstandards 24.06.1987
Verwendung Laufhund

Klassifikation FCI Gruppe 6 Laufhunde, Schweißhunde und verwandte Rassen. Sektion 1.3 Kleine Laufhunde. Mit Arbeitsprüfung.

Allgemeines Erscheinungsbild Ein robuster, kompakter Hund, vermittelt den Eindruck von Qualität, ohne grob zu wirken.

Verhalten und Charakter Ein fröhlicher Hund, dessen wesentliche Bestimmung es ist, zu jagen, vornehmlich Hasen, indem er der Fährte folgt. Unerschrocken, äußerst lebhaft, mit Zähigkeit und Zielstrebigkeit. Intelligent und von ausgeglichenem Wesen. Liebenswürdig und aufgeweckt, ohne Anzeichen von Angriffslust oder Ängstlichkeit.

Kopf – Oberkopf
Kopf Von mäßiger Länge, kraftvoll, ohne grob zu sein, feiner bei der Hündin, ohne Runzeln oder Falten.
Schädel Leicht gewölbt, mäßig breit, mit sich leicht abzeichnendem Hinterhauptbein.

Der Beagle ist ein vergnügter Hund, der seit jeher für die Jagd – vor allem für die Hasenjagd – gezüchtet wurde.

Stopp Deutlich ausgeprägt, halbiert die Distanz zwischen Hinterhauptbein und Nasenschwamm möglichst genau.

Gesichtsschädel

Nasenschwamm Breit, vorzugsweise schwarz, jedoch ist bei helleren Hunden eine abgeschwächte Pigmentierung statthaft; gut geöffnete Nasenlöcher.

Fang Nicht spitz.

Lefzen Angemessene Belefzung.

Kiefer/Zähne Kräftige Kiefer mit einem perfekten, regelmäßigen und vollständigen Scherengebiss, wobei die obere Schneidezahnreihe ohne Zwischenraum über die untere greift und die Zähne senkrecht im Kiefer stehen.

Augen Dunkelbraun oder haselnussbraun, ziemlich groß, weder tief liegend noch hervortretend, ziemlich weit voneinander eingesetzt, mit sanftem, gewinnendem Ausdruck.

Behang Lang, unten abgerundet. Wenn nach vorne gezogen, fast bis zum Nasenspiegel reichend. Tief angesetzt, dünn, mit der Vorderkante anmutig an der Backe anliegend getragen.

Hals Ausreichend lang, um dem Hund mühelos das Arbeiten mit tiefer Nase auf der Spur zu ermöglichen. Leicht gebogen, mit etwas Kehlhaut.

Körper

Obere Profillinie Gerade und waagrecht.

Lenden Kurz, jedoch gut ausgewogen, kräftig und biegsam.

Brust Brustkorb bis unter den Ellbogen reichend. Rippen gut gewölbt und gut zurückreichend.

Untere Profillinie und Bauch Nicht übermäßig aufgezogen.

Rute Stark, von mittlerer Länge. Hoch angesetzt, fröhlich getragen, aber nicht über den Rücken gerollt oder vom Ansatz nach vorne

Mit seinem ausreichend langem Hals kann der Beagle mühelos mit tiefer Nase eine Spur verfolgen.

Das Gangwerk sollte frei und ausgreifend sein und einen weiten Vortritt zeigen.

Rassetypisch ist die weiße Rutenspitze, die bei allen Farbschlägen zu finden ist.

geneigt. Gut behaart, besonders an der Unterseite.

Gliedmaßen

Vorderhand Vorderläufe gerade und senkrecht gut unter den Hund gestellt. Gute Substanz mit runden Knochen. Die Läufe werden zu den Pfoten hin nicht schmäler.

Schultern Schulterblatt gut zurückliegend, nicht überladen.

Ellbogen Fest, weder ein- noch ausdrehend. Ellbogenhöhe ungefähr die Hälfte der Widerristhöhe.

Vordermittelfuß Kurz.

Hinterhand

Oberschenkel Muskulös.

Knie Gut gewinkelt.

Sprunggelenk Fest, tief angesetzt, zueinander parallel.

Pfoten Fest; Zehen eng aneinander liegend, gut aufgeknöchelt; Ballen kräftig. Keine Hasenpfote. Nägel kurz.

Gangwerk Rücken gerade, ohne Anzeichen von Rollen. Frei, ausgreifend, weiter Vortritt. Gerade, ohne die Läufe hoch anzuheben; deutlicher Schub aus der Hinterhand. Hinter-

handbewegung sollte nicht eng sein, Vorhandbewegung nicht paddelnd oder kreuzend.

Haarkleid

Haar Kurz, dicht und wetterbeständig.

Farbe Jede anerkannte Houndfarbe, mit Ausnahme von leberbraun. Rutenspitze weiß.

Größe

Wünschenswerte mindeste Widerristhöhe: 33 cm.

Wünschenswerte höchste Widerristhöhe: 40 cm.

Fehler

Jede Abweichung von den vorgenannten Punkten muss als Fehler angesehen werden, dessen Bewertung in genauem Verhältnis zum Grad der Abweichung stehen sollte und dessen Einfluss hinsichtlich Gesundheit und Wohlbefinden des Hundes.

Nachbemerkung

Rüden müssen zwei offensichtlich normal entwickelte Hoden aufweisen, die sich vollständig im Hodensack befinden.

Die Farbschläge der Beagles sind sehr unterschiedlich, nicht umsonst nennt man die Vierbeiner auch „bunte Hunde".

Die Fellfarben der bunten Hunde

Laut FCI-Standard sind beim Beagle alle Hound-Fellfarben erlaubt:

- **Dreifarbig (tricolour)**: *Ein schwarzer Sattel auf weißem Grund mit einem braunen Kopf, Behängen, Schultern und Oberschenkel ist sicherlich die bekannteste Tricolour-Zeichnung eines Beagles. Daneben gibt es aber noch etliche andere dreifarbige Varianten, beispielsweise mit unregelmäßigen schwarzen und braunen Platten, wobei die Intensität des Brauns vom tiefen Dunkelbraun über ein sattes Rot bis hin zu einem hellen Beige reicht. Braune oder schwarze Farbspritzer in den weißen Fellpartien nennt man „Mottles". Gehen die Farbspritzer ins Bläuliche über, spricht man von „blue mottled" (blau gesprenkelt).*

- **Zweifarbig (tan-and-white)**: *Braunweiß in verschiedensten Variationen. Geht das Braun bereits in ein Kupferrot über, nennt man diese Färbung auch „red and white" (rotweiß). Sehr hellbraunes Fell, das schon an Zitronengelb erinnert, wird als „lemon and white" bezeichnet.*

- **Pied (meliert)**: *Hierbei weist bereits das einzelne Haar mehrere Farben auf, häufig sind die helleren Fellpartien zusätzlich von dunklen Haaren durchsetzt. Dies verstärkt den Eindruck des melierten Felles. Ist das einzelne Haar weiß und zitronengelb gefärbt, spricht man von einer „lemon pied"-Färbung. Weiß mit braun/grau/schwarz nennt man „hare pied", dachsfarben-meliert wird als „badger pied" bezeichnet.*

- **Gestromt (brindle)**: *In Schweden sind bereits seit über 40 Jahren gestromte Beagles verbreitet. Diese Farbgebung kommt möglicherweise durch das Vorhandensein eines Wildfarbengens (Agouti) zustande und vererbte sich wohl durch Einkreuzungen des schwedischen Drevers. Inzwischen sind durch schwedische Importe auch gestromte Beagles nach Deutschland gekommen. **Generell gilt eine Stromung nicht als anerkannte Hound-farbe**.*

Bei allen Farbgebungen muss stets eine weiße Rutenspitze vorhanden sein!

Der agile Beagle möchte beschäftigt werden – und das bitteschön abwechslungsreich und bis ins hohe Alter.

Möchten Sie sich einen Beagle als Familienhund anschaffen, müssen Sie sich auf einen temperamentvollen Clown mit einem enormen Bewegungsdrang bis ins hohe Alter gefasst machen. Diese agile Rasse liebt und braucht viel Abwechslung in Form von Hundesport, Fahrradtouren und langen Spaziergängen. Wird der Beagle zu wenig gefordert, kann selbst der liebste Rassevertreter unausgeglichen und launisch werden. Aufgrund seiner Vergangenheit als Meutehund liebt er Gesellschaft und bleibt nur ungern alleine. Seine Familie kann ihm nicht groß genug sein. Souverän und gelassen nimmt er Trubel hin und genießt es sichtlich, wenn sich etwas rührt. Natürlich begleitet er seine Menschen auch liebend gern bei Unternehmungen jeglicher Art.

Bekannt ist der „bunte Hund" außerdem für seine grenzenlose Kinderfreundlichkeit, vorausgesetzt natürlich, Hund und Kinder werden zu einem richtigen Verhalten und Umgang miteinander angeleitet. Als wahres Energiebündel liebt er es, mit den Kleinen ausgelassen zu toben, ehe er sich anschließend genüsslich von oben bis unten abschmusen lässt. Beagles sind überhaupt unglaublich liebebedürftig und entpuppen sich in ihren Ruhephasen gerne als anschmiegsame Schoßhunde. Mit Artgenossen ist der lustige Springinsfeld sehr umgänglich. Als einstiger Meutehund gibt er natürlich auch einen tollen Zweithund ab. Entgegen mancher Vorurteile ist er selbst als Jagdhund sehr verträglich mit anderen Haustieren, denn rasch weiß er, wer zum Rudel gehört und wer nicht.

Wehe, wenn er losgelassen ...

Die Erziehung eines Beagles ist nicht ganz einfach. Obwohl er eigentlich schnell und leicht lernt, legt er oft eine bemerkenswerte Sturheit und Dickköpfigkeit an den Tag. Dies liegt jedoch in seiner einstigen Bestimmung als

Für den Beagle typisch ist sein Spur- und Fährtenlaut. Dieser kann aber von Hund zu Hund unterschiedlich ausgeprägt sein.

Jagdhund begründet, denn innerhalb der Meute musste er stets selbstständig und ausdauernd agieren. Mit Härte erreicht man bei diesem intelligenten Vierbeiner gar nichts, viel Lob und noch mehr Leckerli bringen deutlich mehr. Der kleine Engländer ist vor allem für eine abwechslungsreiche, spielerische Erziehung empfänglich. Hat er keinen Spaß an der Sache, schaltet er schnell auf stur. Da der haarige Schelm ständig versucht, seinen Besitzer mit Charme, treuem Blick und „Sorgenfalten" um den Finger zu wickeln, ist er nichts für allzu weiche Menschen. Eine gewisse Strenge und vor allem große Konsequenz müssen also in der Erziehung eines Beagles sein, sonst macht der pfiffige Vierbeiner mit seinen Leuten, was er will. Viel Geduld und eine gehörige Portion Kreativität dürfen im Umgang mit dem cleveren Temperamentsbolzen ebenfalls nicht fehlen. Ein Beagle, der wie am Schnürchen folgt, hat Seltenheitswert oder ist nicht reinrassig. Trotzdem ist, entgegen mancher Vorurteile, ein ordentliches Folgen machbar.

Ein artgerecht gehaltener Beagle sprüht vor Lebensfreude, Fröhlichkeit und guter Laune. Er ist für jeden Spaß zu haben und allem Neuen gegenüber aufgeschlossen, neugierig

Der Beagle sprüht vor Lebensfreude und guter Laune, wenn er artgerecht gehalten wird.

Beagles lieben Action. Sie wollen etwas erleben und brauchen daher viel Beschäftigung.

und anpassungsfähig. Wird er schon frühzeitig optimal sozialisiert und stets ausreichend gefordert, zeigt er ein sehr ausgeglichenes und souveränes Wesen. Die Wachsamkeit ist bei jedem Hund unterschiedlich ausgeprägt; in der Regel werden jedoch auch Fremde freundlich begrüßt. Ist der Beagle von einer Sache oder einem Menschen begeistert, zeigt er dies ausgelassen und stürmisch. Aggressivität und Bösartigkeit sind der Rasse fremd.

Nichts für humorlose Spaßbremsen

So lieb, anschmiegsam, verschmust, anhänglich und sanft ein Beagle sein kann, ist er doch nichts für engstirnige Perfektionisten, Miesepeter und Couchpotatoes. Beagles sind Actionhunde, die etwas erleben und unterneh-

men wollen, manchmal sogar auch ohne ihre Leute, auf eigene Faust. Daher ist der bunte Engländer auch nichts für schwache Nerven, denn ein Ausbüxen bei einem Spaziergang ohne Leine ist keine Seltenheit. Zu groß ist bei den meisten noch das Jagdhunderbe, sodass viele dem Duft verlockender Wildfährten einfach nicht widerstehen können. Wer meint, er schaffe es, einen Beagle in einer solchen Situation so einfach wieder einzufangen, der irrt. Obwohl: Vielleicht hat er gerade mal Glück, der Kleine überlegt es sich anders und folgt doch lieber einer interessant raschelnden Leckerlitüte, die als Bestechung übrigens nie fehlen sollte, denn Beagles sind heillos verfressen – eine Tatsache, die gut bei der Erziehung ausgenützt werden kann. Um diese Jagdleidenschaft einigermaßen zu bändigen, emp-

15

Berühmt und berüchtigt ist der Beagle für seine Verfressenheit. Da heißt es auf der Hut sein und nichts Fressbares herumstehen lassen!

Die Nase tief am Boden, hoch konzentriert und plötzlich Vollgas mit wildem Gebell – das ist typisch für den Beagle.

fiehlt sich von Anfang an der Besuch einer kompetenten Hundeschule.

Gute Nerven schaden einem Beaglehalter übrigens nie, denn eigentlich gibt es nichts, was man mit diesem schlappohrigen Clown nicht erlebt. Sein Einfallsreichtum für neue Streiche verblüfft immer wieder. Daher ist so manch ein Besitzer versucht, seinen vierbeinigen Liebling nicht als normalen Hund, sondern verschmitzt als Hundling zu bezeichnen. Beaglehalter benötigen überhaupt eine große Portion Humor. Es scheint den vierbeinigen Schlitzohren selbst zu gefallen, ihre Menschen zum Lachen zu bringen und manche Vertreter lachen sogar mit, indem sie aus Freude ein richtiges Grinsgesicht ziehen.

Fressen als Hobby

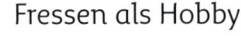

Bekannt ist der Beagle für seine Verfressenheit. Vor seinem ständigen, enormen Appetit ist so gut wie nichts sicher. Für etwas Nahrhaftes geht ein Beagle in einem unbeobachteten Moment schon mal über Tische und Bänke, leert Papierkörbe oder durchstö-

bert unbeaufsichtigte Taschen. Auf dem Freilauf locken übrigens nicht nur Wildfährten die feine Hundenase, nein, einem frisch gefüllten, voll „bewirtschafteten" Komposthaufen ist der kleine Brite ebenfalls nicht abgeneigt. Aufgrund seiner enormen Verfressenheit besteht natürlich allgemein eine große Gefahr des Vergiftens. Daher sollten Sie versuchen, dem pfiffigen Kerlchen so gut es geht abzugewöhnen, etwas unerlaubt aufzunehmen. Allerdings dürfen Sie dies nicht mit einer größeren Futterration zu Hause ausgleichen, denn ein Beagle wird wohl nie vollkommen satt werden. Hiermit würden Sie ihm auch keinen Gefallen tun, denn diese Rasse neigt zu Dickleibigkeit, die wiederum eine beagle-atypische Trägheit bis hin zu gesundheitlichen Störungen nach sich ziehen kann. Grundsätzlich gilt die Rasse jedoch als gesund, robust und langlebig.

Zusammenfassend sei gesagt Wer einen liebenswerten, lustigen, kleinen Vierbeiner mit eigenem Kopf haben möchte, wer Langeweile scheut und Action liebt, wer starke Nerven hat und einen Jagdhund nicht verbiegen möchte, ist mit einem Beagle sicherlich gut beraten.

Der Beagle muss nicht unbedingt in der Jagd eingesetzt werden, um ihn glücklich zu machen.

Aufgrund seiner großen Anpassungsfähigkeit und Arbeitsfreude sowie seines praktischen Formates ist der Beagle ein sehr vielseitiger Begleiter. Hierzulande kennen wir ihn hauptsächlich als Familienhund, wenngleich sich die Vereine bemühen, ihn auch wieder als Jagdhund populärer zu machen. Da die eigentliche Bestimmung des arbeitsamen Vierbeiners im jagdlichen Einsatz liegt und etliche Beagles nach wie vor im Revier geführt werden, ist dem Jagdgebrauch ein eigenes Kapitel in diesem Buch gewidmet. Trotzdem muss ein Beaglehalter nicht unbedingt Jäger sein, um seinen Hund glücklich zu machen. Die quirlige Sportskanone freut sich auch über Agility, Dogdancing, Fährtensuche & Co. Außerdem ist der hübsche Vierbeiner ein toller Begleiter beim Joggen, Walken, Radfahren oder Wan-

dern. Wichtig ist einfach eine angemessene Auslastung mit viel Abwechslung.

In der Gebrauchshundsparte gibt der Beagle mit seiner feinen Nase einen hervorragenden Drogen-, Sprengstoff- oder Schimmelspürhund ab. Auch zur Fährten- und Flächensuche sowie zum Mantrailing wird er verwendet.

Außerdem hat sich die Rasse in Amerika und inzwischen auch in anderen Ländern durch die Beagle-Brigade einen Namen gemacht. An vielen amerikanischen Flughäfen setzt der US-Zoll Beagles als Spürhunde für landwirtschaftliche Produkte wie Obst, Gemüse, Fleisch und tierische Nebenerzeugnisse ein, durch die wiederum Krankheiten in die US-Landwirtschaft eingeschleppt werden könnten. Die Rasse eignet sich für diese Arbeit besonders

Die meisten Hunde der Beagle-Brigade stammen aus dem Tierschutz.

Meutejagd in Großbritannien

In Großbritannien zählt der Beagle zu den Hounds. Als kleiner und relativ langsamer Laufhund wird er in trockenen Gebieten mit Büschen und kleineren Feldern großen Hunden vorgezogen. Sein Haupteinsatzgebiet war seit jeher die Hasenjagd. Hierbei zeichnen ihn seine Ausdauer und sein hervorragender Geruchssinn aus. Auch für die Kaninchenjagd sind Beagles begehrt. Außerdem werden mit Beagle Schleppjagden, auf, mit (toten) Kaninchen oder anderen geruchstarken Gegenständen gelegten, künstlichen Fährten veranstaltet. Die „Association of Masters of Harriers and Beagles", in der alle Beaglemeuten zusammengeschlossen sind, führt bis heute regelmäßige „Beaglings" (Hasenjagden zu Fuß hinter der Beaglemeute) durch, die in England sehr populär sind. Solche Jagden dauern vier bis sechs Stunden und erfordern von Mensch und Hund gute körperliche Kondition. Eine Meute sollte möglichst aus Hunden gleicher Größe und Farbe bestehen und kann mehr als 40 Tieren umfassen.

gut, da sie klein, wendig und sehr freundlich zu den Passagieren ist, und, über einen hervorragenden Geruchssinn verfügt. Die Affinität der Hunde für alles Fressbare kommt den Zollbeamten natürlich ebenfalls sehr zugute. Das Besondere an der Beagle-Brigade ist, dass die meisten eingesetzten Hunde aus dem Tierschutz stammen oder von Privatleuten abgegeben wurden. Durch spezielle Schulungen bekommen die Beagles hier eine neue, sinnvolle Aufgabe, die ihnen sichtlich Spaß macht und sie voll fordert.

Leider ist der Beagle heute auch der am meisten verbreitete Versuchshund in Labors.

Die Meutejagd mit Beagles ist noch heute in Großbritannien sehr populär.

Therapiehund und Versuchstier

Wegen seiner Feinfühligkeit, Menschenfreundlichkeit und seines liebenswerten, souveränen Auftretens ist das intelligente Arbeitstier ebenfalls ein toller Therapiehund. Altenheime, Krankenstationen oder Einrichtungen für Behinderte, die jemals mit einem Beagle zusammenarbeiten durften, möchten ihn nicht mehr missen. Vor allem Kinder finden in dem charmanten Vierbeiner einen liebevollen und zarten Seelentröster, wenn es darauf ankommt aber auch einen lustigen Clown, der gekonnt von Alltagsproblemen und Krankheiten ablenkt.

Als Gehörlosenhund macht der Beagle hörgeschädigte Menschen auf Geräusche aufmerksam. Epileptikern kann er, nach einer speziellen Ausbildung, Frühsymptome eines Krampfanfalles anzeigen.

Leider wurde dem Beagle seine besonders gute Verträglichkeit mit Artgenossen, seine Zähigkeit und Anpassungsfähigkeit sowie sein angenehmes, sehr liebes Wesen gepaart mit der praktischen Größe und dem kurzen Fell aber auch zum Verhängnis, denn er ist heute der am meisten verbreitete Versuchshund in Labors. Etliche Chemiekonzerne, Universitätsinstitute und Versuchsanstalten züchten selbst. Zusätzlich gibt es aber auch spezielle Beagle-Farmen, die nur für den Tierversuch „produzieren". Mehrere tausend Hunde werden jährlich in Deutschland in Tierversuchen „verschlissen". Inzwischen haben sich mehrere Tierschutzorganisationen gebildet, die sich speziell mit der Vermittlung ausrangierter Versuchshunde befassen. Die „IG Tiere in Not" (www.versuchstiere.de) ist hierin beispielsweise sehr aktiv und erfolgreich (weitere Adressen siehe Seite 125).

Anforderungen an den Halter

Gemeinsam mit Frauchen oder Herrchen die Natur genießen – das gefällt!

Fragen, die vorab zu klären sind

Überlegen Sie die Anschaffung eines Beagles gut, immerhin liegt seine durchschnittliche Lebenserwartung bei etwa 12 Jahren. Bedenken Sie daher schon im Vorfeld genau, ob es Ihnen finanziell möglich ist, für sämtliche Kosten, die der Hund mit sich bringt, über Jahre hinweg aufzukommen. Neben den Kosten für die Grundausstattung sowie für den Erwerb des Hundes selbst, schlägt sich die tägliche Futterration natürlich deutlich in Ihrem Geldbeutel nieder. Zusätzlich müssen Sie eine Haftpflichtversicherung sowie regelmäßige Impfungen und Entwurmungen bezahlen. Schnell kann Ihr Vierbeiner auch unvorhergesehen erkranken, unter Umständen sind sogar langwierige und teure tierärztliche Behandlungen nötig.

Überlegen Sie außerdem, ob die äußeren Gegebenheiten stimmen. Haben Sie genug Platz für einen Beagle? Der vierbeinige Naturbursche passt nicht unbedingt in ein Hochhaus in der Innenstadt. Auch darf er aus Platzmangel nicht in der Wohnung oder in einem Zwinger gehalten werden. Hier würde der anhängliche Meutehund physisch und psychisch verkümmern. Am wohlsten fühlt sich der temperamentvolle Vierbeiner in einem ländlichen

Darf der Beagle in den Garten, ist ein genügend hoher, intakter Gartenzaun wichtig, um zu verhindern, dass er alleine spazieren geht.

Heim mit Garten. Wichtig ist dabei ein genügend hoher, intakter Gartenzaun, damit sich Ihr Beagle auch unbeaufsichtigt draußen aufhalten kann, ohne zu entwischen.

Als zukünftiger Hundebesitzer müssen Sie sich außerdem darauf einstellen, dass ein vierbeiniger Mitbewohner viel Dreck mit ins Haus bringt. Ebenfalls darf der Fellwechsel im Frühjahr und Herbst nicht vergessen werden, der an Ihren Kleidern, Polstermöbeln und Teppichen nicht spurlos vorübergeht. Gerade die kurzen Beaglehaare scheinen sich überall hineinzubohren und sind dann nur schwer wieder zu entfernen.

Fragen Sie nach, ob Ihr Vermieter mit der Anschaffung eines Hundes einverstanden ist. Erkundigen Sie sich auch, ob Sie den Hund bei Abwesenheit aller anderen Familienmit-

Erkundigen Sie sich unbedingt vorab, ob auch Ihr Vermieter mit der Anschaffung eines Hundes einverstanden ist.

Bedenken Sie unbedingt ...

Schaffen Sie den Hund nicht für Ihre Kinder an, sondern für sich: Schnell verlieren Kinder das Interesse oder gehen, flügge geworden, aus dem Haus. Sie müssen voll und ganz hinter einer Hundeanschaffung stehen, denn die Hauptarbeit bleibt unter Umständen bald an den Eltern hängen.

glieder mit ins Büro nehmen dürfen, immerhin bleibt der temperamentvolle Meutehund nicht gerne allein, es sei denn, er hat Gesellschaft durch einen Zweithund.

Denken Sie an die Ferienzeit: Sind Sie gewillt, in zukünftigen Urlauben mit Hund eventuelle Abstriche, Zielort und Unternehmungen betreffend, zu machen? Wollen Sie ohne Hund verreisen, überlegen Sie vorab, ob Sie einen lieben Hundesitter an der Hand hätten oder eine gute Hundepension bezahlen können. Auch manche Züchter nehmen ihren ehemaligen Nachwuchs

gerne wieder in Pflege – fragen Sie schon bei der Anschaffung ihres Welpen nach.

Rassebedürfnisse

Passen die finanziellen und äußeren Gegebenheiten optimal zu einer Hundeanschaffung, überlegen Sie sich, ob Sie auf Dauer, das heißt ein Hundeleben lang, genügend Zeit und Lust haben, den Ansprüchen eines Beagles gerecht zu werden. Zwar hat der englische Vierbeiner mit einer Größe von 33–40 cm ein praktisches Format, trotzdem sollte er als echter Naturbursche nicht unbedingt in einer Stadtwohnung gehalten werden. Auch für die Zwingerhaltung ist vor allem ein Einzelhund ungeeignet. Hier ist zu erwähnen, dass ein Beagle aufgrund seiner Vergangenheit als Meutehund grundsätzlich nicht gerne alleine bleibt, es sei denn, er hat Gesellschaft durch einen Zweithund. Ein Beagle benötigt also sehr viel Ansprache und Zuwendung.

Der Beagle ist ein temperamentvolles Energiebündel, das unbedingt gefordert werden muss, um ausgeglichen und glücklich zu sein. Der hübsche Vierbeiner braucht täglich viel Auslauf und zwar bei jedem Wetter. Dabei darf er nicht nur an der kurzen Leine geführt werden, sondern muss richtig rennen und toben können. Er ist sicherlich nichts für Langweiler und Stubenhocker. Viel besser eignet er sich für sportliche Outdoorfans, die einfühlsam, liebevoll und geduldig auf den schelmischen Naturburschen eingehen. Kreative Action und Humor dürfen dabei nicht zu kurz kommen. Teamarbeit ist für den Beagle enorm wichtig, so ist er gerne unverzichtbarer Partner seines Halters. Der lustige Springinsfeld liebt Hundesport jeglicher Art. Abwechslung ist bei ihm Trumpf. Damit er sich nicht langweilt, darf

Der Beagle benötigt sehr viel Ansprache, Zuwendung und somit auch Zeit.

Kopfarbeit darf nicht fehlen, damit der Beagle ausgelastet ist.

Das vielseitige Energiebündel braucht täglich bei jedem Wetter, also auch wenn es stürmt oder schneit, seinen Auslauf.

deshalb auch Kopfarbeit nicht fehlen. Überlegen Sie sich unbedingt vorab, ob Sie wirklich gewillt sind, Ihrem bellenden Freizeitpartner die Freude zu machen, jeden Samstag auf einem Hundesportplatz zu verbringen. Für einen Beagle ist also sehr viel Zeit nötig.

„Klauender Rabe" mit eigenem Kopf

Ab und zu legt der bunte Hund einen ziemlichen Sturkopf an den Tag. Stimmt allerdings die Chemie zwischen Ihnen und Ihrem Beagle, klappt es auch meistens mit dem Folgen. Generell dürfen einem Beaglehalter im Umgang mit seinem Vierbeiner ein stetes Augenzwinkern, aber auch große Konsequenz und liebevolle Strenge nicht fehlen.

Menschen, die einen Beagle rein als Prestigeobjekt ansehen oder den Hund nur aufgrund seines hübschen Aussehens und des praktischen Formats anschaffen, werden auf Dauer nicht glücklich mit einem fordernden Lebewesen wie es ein Hund nun mal ist. Auch der Vierbeiner hat hier vermutlich schlechte Karten, mit all seinen Bedürfnissen voll zum Zug zu kommen.

In unbeobachteten Momenten mausern sich Beagles schnell mal zu „klauenden Raben".

Denken Sie vor einer Anschaffung außerdem an die unglaubliche Verfressenheit der Rasse. Damit der Hund nicht verfettet und dadurch gesundheitliche Schäden davonträgt, ist bei der Fütterung von Seiten des Halters sehr viel Disziplin gefragt. Fallen Sie also nicht auf den ständigen Hunger und den gern aufgesetzten, traurigen Blick eines verkappten Faltenhundes rein. Zusätzlich sollte alles Fressbare für den Beagle unerreichbar aufbewahrt werden: Ein unbeaufsichtigter Plätzchenteller auf dem Couchtisch, kurz aus den Augen gelassene Butterbrote oder gar ein ganzes Grillbuffet fallen dem „klauenden Raben" ebenso schnell zum Opfer wie Fressalien aus einer achtlos abgestellten Einkaufstasche.

Ist es Ihnen jedoch möglich, einen Beagle gänzlich in Ihr Leben zu integrieren, geht es nun an die Auswahl des Hundes.

Auf den Punkt gebracht ...

„Nur der kann mit einem Beagle leben, der lernt, wie ein Beagle zu denken."
Arthur Luis P. Gerhard.

23

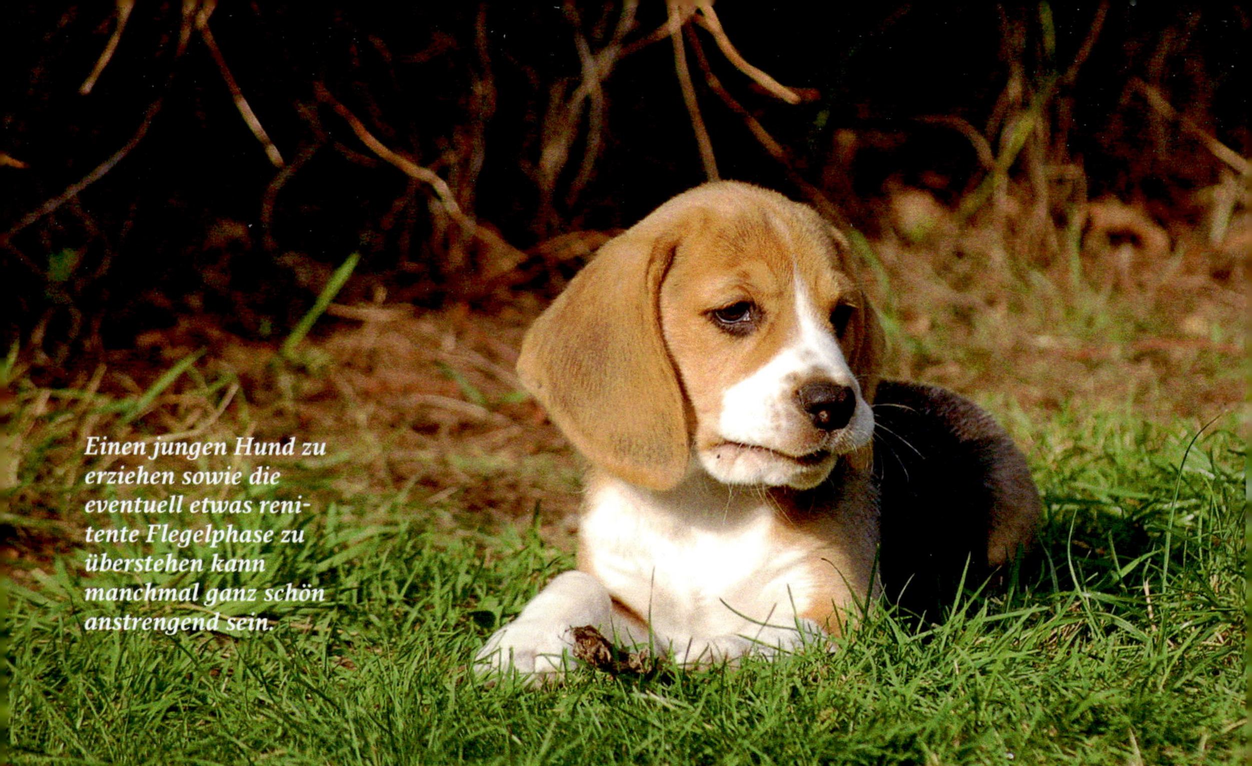

Einen jungen Hund zu erziehen sowie die eventuell etwas renitente Flegelphase zu überstehen kann manchmal ganz schön anstrengend sein.

Welpe oder erwachsener Hund?

Steht für Sie die Anschaffung eines Beagles fest, überlegen Sie sich, ob Sie einen Welpen oder einen erwachsenen Vierbeiner aufnehmen wollen. Ein Welpe ist wie ein Rohdiamant, den Sie erst schleifen müssen. Dies kostet viel Zeit und Geduld, aber sicherlich auch Nerven und Anstrengungen. Ein junger Hund verlangt ständige Zuwendung, anfangs sogar nachts. Es dauert eine Weile bis der kleine Kerl stubenrein ist. Außerdem muss er sich an fremde Menschen, Tiere und einen normalen Alltag gewöhnen, und, er muss erst lernen, alleine zu bleiben. Zunächst benötigt ein Welpe drei- bis viermal am Tag Futter. Mehrere kurze Spaziergänge sind für den, sich noch im Wachstum befindlichen, instabilen Bewegungsapparat des Hundekindes, auf den sich zu viel Belastung folgenschwer auswirken kann, sinnvoller als ein ganz langer. Die Erziehung eines jungen Hundes sowie die eventuell etwas renitente Flegelphase werden Sie voll und ganz fordern. Andererseits lässt sich ein Welpe noch gut formen, er entwickelt sich also größtenteils genau zu dem, zu dem Sie ihn machen. Die gilt natürlich auch im negativen Sinne: Haben Sie nicht von Anfang an eine klare Linie in Ihrer Erziehung, bekommen Sie bald einen aufsässigen, verzogenen Fratz, der

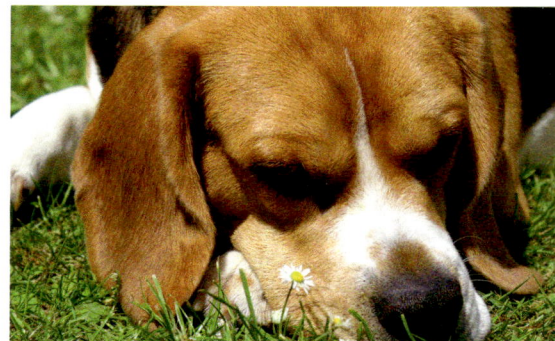

Respektieren Sie auch ausreichende Ruhephasen, in denen Ihr Vierbeiner nicht gestört werden möchte, schließlich sind die vielen neuen Eindrücke anstrengend und ermüdend.

Ihnen im Erwachsenenalter schnell über den Kopf wächst.

Mit einem älteren Vierbeiner kann dagegen schon etwas mehr Ruhe in Form einer ausgereiften Hundepersönlichkeit bei Ihnen einziehen. Ein erwachsener Beagle ist höchstwahrscheinlich aus dem Gröbsten raus, er ist stubenrein, ist mit Halsband und Leine vertraut, kann ab und zu mal alleine bleiben und kennt mindestens die erzieherischen Grundkommandos wie Sitz, Platz, Hier und Pfui – vorausgesetzt natürlich, er genoss bis zu diesem Zeitpunkt ein gutes Zuhause mit einer entsprechenden Prägung. Ist Ihnen allerdings die vollständige Lebensgeschichte Ihres Beagles bis zum Zeitpunkt des Einzuges bei Ihnen unbekannt, kaufen Sie möglicherweise die „Katze im Sack". Der genaue Charakter, eventuelle Macken und das Verhalten des Vierbeiners zeigen sich erst im alltäglichen Zusammenleben. Daher kann die Aufnahme eines erwachsenen Hundes eher etwas für Kenner sein. Eindeutige Regeln und Grenzen sind sehr wichtig für ein harmonisches Miteinander, deshalb muss dem neuen Familienmitglied seine untergeordnete Stellung im Hunderudel von Anfang an klargemacht werden. Hunde-unerfahrene Menschen entscheiden sich also besser für einen Welpen als für einen gänzlich unbekannten erwachsenen Vierbeiner. Ersthalter können mithilfe einer guten Hundeschule gemeinsam mit ihrem Welpen wachsen und lernen. Der Einzug eines Welpen erleichtert auch das Zusammengewöhnen mit eventuellen weiteren Haustieren. Halten Sie bereits einen oder mehrere Hunde, hat ein Welpe noch mehr Narrenfreiheit und wird eher spielerisch, aber doch bestimmt in die Rangordnung der anderen Rudelmitglieder eingewiesen. Bei einem erwachsenen, voll ausgereiften Neuzugang können dagegen gleich heftige Kämpfe um die Rudelposition ausbrechen.

Zieht ein älterer Vierbeiner bei Ihnen ein, ist er zwar schon aus dem Gröbsten raus. Allerdings kann sich der Hund auch schon allerlei Unsinn angewöhnt haben.

Beachten Sie auch …

*Lassen Sie Ihrem vierbeinigen Neuzugang viel Zeit für die **Eingewöhnung**. Am besten nehmen Sie sich Urlaub, damit Sie sich erst einmal gegenseitig in Ruhe kennenlernen können. Springen Sie trotzdem nicht den ganzen Tag nur um Ihr neues Familienmitglied herum. Geben Sie Ihrem Hund genug Freiraum, sein jetziges Zuhause selbst zu erkunden. Zeigen Sie ihm andererseits vom ersten Tag an liebevoll, aber bestimmt, was er darf und was nicht. Respektieren Sie auch ausreichende Ruhephasen, in denen Ihr Vierbeiner nicht gestört werden möchte, schließlich sind die vielen neuen Eindrücke anstrengend und ermüdend.*

Rüde oder Hündin?

Ihre Entscheidung, ob Sie eine Hündin oder einen Rüden angeschaffen möchten, ist individuell.

Ob Sie sich für einen Rüden oder eine Hündin entscheiden, ist Geschmacksache. Beagle-Rüden werden etwas größer als Hündinnen. Oft wirken sie imposanter und selbstbewusster in der Körperhaltung. Sie sind in Vielem hartnäckiger und manchmal auch sturer als Hündinnen. Rüden neigen eher zu Dominanz und zeigen sich härter, weshalb ihre Halter bei der Ausbildung meist etwas mehr Durchsetzungsvermögen brauchen. Ein Rüdenbesitzer muss sich aber auch von Zeit zu Zeit auf einen liebeskranken und somit fürchterlich leidenden Vierbeiner einstellen und zwar dann, wenn eine Hündin in der Umgebung läufig ist. Etliche verliebte Casanovas tun ihren Schmerz um die unerreichbare Angebetete sogar lautstark kund. Diese Heulorgien können wiederum zu Ärger bei den Nachbarn führen.

Hündinnen haben meist einen zierlicheren Körperbau als Rüden.

Ob eine Kastration tatsächlich angebracht ist oder nicht, sollte letztendlich der verantwortungsvolle Tierarzt entscheiden.

Während des Proöstrus ist die Hündin ruhiger und markiert anfangs häufig.

Außerdem erweisen sich viele liebestolle Vertreter als wahre Ausbrecherkönige, wenn es darum geht, ihrer „Traumfrau" näher zu kommen. Ein intakter, genügend hoher Gartenzaun ist also bei unkastrierten Rüden besonders wichtig. Das ständige Markieren eines

Rüden ist ebenfalls nicht jedermanns Sache. Hobbygärtner büßen dabei sicherlich die eine oder andere Pflanze ihres Gartens ein. Bei vermeintlich konkurrierenden Artgenossen lassen unkastrierte Rüden gerne den Macho raushängen, der auch mal mit viel Getöse einen

Die läufige Hündin

Eine Beagle-Hündin wird zum ersten Mal zwischen dem siebten und zwölften Lebensmonat läufig. Insgesamt dauert die Hitze, die ein- bis zweimal im Jahr auftritt, etwa 21 Tage. Sie unterteilt sich in drei Phasen: Die ersten neun Tage nennt man Vorbrunst (Proöstrus), äußerlich zu erkennen am Anschwellen der Schamlippen. Nun wird die Hündin ruhiger, vielleicht etwas launisch und markiert anfangs häufig; manchmal frisst sie auch schlecht und neigt zum Streunen. Jetzt lässt die Hündin zwar noch keinen Rüden an sich heran, ihr Interesse am anderen Geschlecht wächst jedoch zunehmend. Während der zweiten Phase, der sogenannten Hochbrunst oder Eisprungphase (Östrus) tritt immer mehr schleimiges, mit Blut ver-

mischtes Sekret aus der Scheide aus. Zu diesem Zeitpunkt wandern die Eizellen vom Eierstock in den Eileiter; dort können sie befruchtet werden. Der Östrus dauert acht bis zehn Tage und ist zu erkennen am weiteren Anschwellen sowie einer noch stärkeren Rötung der Schamlippen. Die blutigen Ausscheidungen gehen in einen hellen Ausfluss über. Ab dem neunten Tag der Läufigkeit „steht" die Hündin; sie zeigt Rüden ihre Paarungsbereitschaft durch eine fast aufdringliche Annäherung und das seitliche Wegknicken ihrer Rute an. Nach dem Östrus folgt der Metöstrus; in dieser Phase klingt die Läufigkeit langsam ab, die Schwellung der Schamlippen geht zurück, der Ausfluss wird weniger. Auch das Verhalten „normalisiert" sich allmählich wieder.

Verhütung bei Hunden

Bei der Kastration einer **Hündin** *nimmt man operativ die Eierstöcke und meist auch die Gebärmutter heraus. Da nun die entsprechenden hormonproduzierenden Drüsen fehlen, ist der Geschlechtstrieb nach einer Kastration völlig ausgeschaltet.*

Das Risiko der Hündin, an Gebärmutterkrebs und an einem Gesäugetumor zu erkranken, wird durch die Kastration deutlich vermindert bzw. bei einer Kastration vor der ersten Läufigkeit praktisch ausgeschlossen. Andererseits kann eine so frühe Kastration ein dauerhaft kindlich-kindisches Wesen der Hündin zur Folge haben, denn der Reifeprozess, der durch die Hormone ausgelöst wird, fehlt hier; dies muss jedoch kein Nachteil sein. Bei einer Operation nach der ersten Läufigkeit liegt das Krebsrisiko für die Hündin bei ca. 8 %, nach der zweiten Läufigkeit bei ca. 26 %.

Ein **Rüde** *ist kastriert, wenn seine beiden Hoden entfernt wurden.*

Kastrierte Tiere werden in der Regel ruhiger. Manche Hunde neigen anschließend verstärkt zu Fettansatz (Futtermenge anpassen), eventuellen Fellveränderungen oder zeigen Inkontinenz. Während man Hündinnen hauptsächlich zur Vermeidung unerwünschten Nachwuchses kastriert, erfolgt die Kastration eines Rüden häufig bei Verhaltensauffälligkeiten. Selbstverständlich lassen sich Verhaltensauffälligkeiten, die durch Erziehungsfehler des Halters entstanden sind, nicht durch eine Kastration korrigieren.

Manche Rüden haben, bedingt durch zu viel Testosteron, einen übersteigerten Sexualtrieb, der mit Streunen, übertriebenem Imponiergehabe und aggressivem Konkurrenzverhalten gegenüber anderen Rüden einhergeht. Hier oder bei krankhaften Veränderungen der Geschlechtsorgane kann die Kastration eines

Rüden durchaus nötig sein. Beim Rüden wirkt die Kastration auch als vorbeugende Maßnahme gegen Prostataerkrankungen und Perinaltumore (= Zubildungen rund um den After).

Letztendlich liegt es in den Händen eines verantwortungsvollen Tierarztes, individuell zu entscheiden, ob eine Kastration angebracht ist oder nicht.

Eine Alternative zur operativen Trächtigkeitsverhütung stellt die medikamentöse Verhütung mittels Hormonpräparaten dar. Diese Methode sollte allerdings nicht auf längere Zeit eingesetzt werden, denn die hormonelle Manipulation einer Hündin erhöht die Wahrscheinlichkeit einer eitrigen Gebärmutterentzündung, die in der Regel wiederum nur operativ zu behandeln ist. Eine weitere ganz neue Möglichkeit ist die Verhütung mittels Implantat, das wie ein Mikrochip unter die Haut gespritzt wird und alle sechs Monate ausgetauscht werden muss. Laut Hersteller ist dieses Implantat nebenwirkungsfrei, allerdings ist es nicht ganz billig (ca. 50.- € Materialkosten). Für Hündinnen ist das Verhütungsimplantat noch in der Probephase. Bei Rüden wird es bereits eingesetzt; es zeigt die gleiche Wirkung einer operativen Kastration.

Schaukampf um die Rangordnung anzettelt. Solche Auseinandersetzungen sind jedoch meist harmlos, während Hündinnen untereinander, aus der instinktsicheren Sorge um ihren vermeintlichen Nachwuchs, mit echten Beißereien nicht lange fackeln.

In der Regel haben Hündinnen eine zierlichere Statur als Rüden. Machtkämpfe, wie sie bei Rüden um die hausinterne Rangordnung hin und wieder vorkommen können, sind bei Hündinnen eher selten. Trotzdem geben sie sich, vor allem hormonell bedingt, auch mal zickig. Eine Hündin wird ein- bis zweimal im Jahr läufig. In diesem Zeitraum, der etwa drei Wochen dauert, ist besondere Vorsicht geboten, damit es nicht zu unerwünschtem Nachwuchs kommt. Um Flecken im Haus zu vermeiden, ist ein spezielles Hundehöschen mit extra Slipeinlagen aus dem Fachhandel nötig. Daran gewöhnt sich der Vierbeiner in der Regel jedoch schnell, obwohl es immer wieder auch Ausnah-

Verliebte Rüden können ihren Schmerz um die unerreichbare Angebetete sogar lautstark kundtun.

men gibt: Manche Hündinnen versuchen alles, ihre Hose wieder los zu werden. Wollen Sie die Läufigkeit Ihrer Hündin auf Dauer umgehen, schafft eine Kastration Abhilfe.

Hier blieb die Läufigkeit nicht ohne Folgen.

Ein Hund aus dem Tierheim

Gerade Laborbeagles haben ein schönes zweites Leben mit viel Freiheit, Liebe und Geborgenheit verdient.

Möchten Sie einen Hund aus dem Tierheim aufnehmen, brauchen Sie meist viel Geduld und Einfühlungsvermögen. Die Vorgeschichte eines solchen Vierbeiners liegt oft völlig im Dunkeln, unerwartete Verhaltensweisen können auftreten. Selbst bei einem Tierheim-Welpen wissen Sie häufig nichts Näheres über seine bisherige Haltung. Da schon eine gute Kinderstube sehr wichtig und prägend für eine intakte Hundeseele ist, kann hier bereits einiges schief gelaufen sein, was sich nur schwer wieder ausbügeln lässt. Auch das Wesen der Elterntiere, die Sie im Tierheim meist nicht

kennenlernen, ist ein wichtiger Anhaltspunkt für den späteren Charakter Ihres jetzt ausgesuchten Zöglings. Je nach früheren Erlebnissen hat Ihr junger oder älterer Beagle vielleicht schon einige Macken, die Sie erst allmählich herausfinden müssen. Trotzdem lohnt es sich, diese Nuss behutsam zu knacken.
Besuchen Sie Ihren auserwählten Vierbeiner bereits im Tierheim häufiger und gehen Sie oft mit ihm spazieren, ehe Sie sich endgültig für eine Übernahme entscheiden. Die Auswahl eines Tierheimhundes erfordert besondere Sorgfalt, schließlich soll der Vierbeiner mit sei-

Beachten Sie ...

Die Übernahme eines Tierheimhundes erfordert in der Regel Hundeerfahrung, denn wie erwähnt, liegt die Vergangenheit des Vierbeiners häufig im Dunkeln. Manche Tierheimhunde erscheinen auf den ersten Blick unkompliziert und anpassungsfähig; in unterschiedlichen, oft ganz banalen Situationen des Alltags holen sie jedoch rasch frühere schlechte Erlebnisse ein und lassen sie dementsprechend reagieren. Für Anfänger wird dies unter Umständen zu einem unlösbaren Problem; hundeerfahrene Menschen können sich dagegen kompetenter und souveräner darauf einstellen und damit auseinandersetzen.

Erstlingshaltern sei daher geraten, zunächst einmal einen Beagle-Welpen von einem seriösen VDH- bzw. FCI-Züchter zu nehmen.

ner neuen Familie zu einem echten Glückspilz und nicht, nach seinen ersten auftauchenden Eigenarten, zum erneut abgeschobenen Pechvogel werden. Wichtig ist, sich und den Hund von Anfang an nicht unter Druck zu setzen. Geben Sie sich für die Gewöhnung aneinander unbedingt ausreichend Zeit. Weisen Sie Ihre Kinder schon im Vorfeld darauf hin, dass der neue Vierbeiner erst einmal Ruhe und Behutsamkeit zur Eingewöhnung braucht. Bevor sie auf ihn zustürmen und ihn streicheln wollen, sollten auch sie erst einmal genau beobachten, wahrnehmen und abwarten.

Die Übernahme eines Secondhand-Hundes erfordert besonders viel Geduld und Einfühlungsvermögen.

Aufnahme eines Laborbeagles

Diverse Tierschutzorganisationen (siehe Seite 125) haben es sich zur Aufgabe gemacht, ausrangierte Laborbeagles an Privatleute zu vermitteln. Die Aufnahme eines Laborbeagles erfordert besonders viel Geduld, Liebe, Zeit und Einfühlungsvermögen, denn die meisten Hunde haben bis zu ihrer Entlassung keinerlei „normale" Umwelterfahrungen machen dürfen. Sie müssen sich also erst einmal langsam an ein Leben voller neuer Eindrücke und Reize außerhalb des Laborzwingers gewöhnen. Häufig sind diese Vierbeiner anfangs auch sehr ängstlich, schreckhaft und scheu. Haben sie jedoch erst einmal Vertrauen und Mut gefasst, werden viele von ihnen genauso lebenslustig und aufgeweckt wie Beagles mit einer „normalen" Lebensgeschichte.

Die Auswahl eines solchen süßen Vierbeiners sollten Sie sich als zukünftiger Hundebesitzer nicht zu einfach machen.

Fällt Ihre Wahl auf einen Hund vom Züchter, bekommen Sie eine aktuelle Wurfliste über die Welpenvermittlung der Rassevereine. Suchen Sie bereits einen Züchter aus, der die Ihren Ansprüchen entsprechende Zuchtlinie züchtet: Möchten Sie also einen reinen Familienhund, ist die Showlinie ratsam. Soll Ihr Beagle hingegen später im Revier eingesetzt werden, wählen Sie einen Vierbeiner aus einer jagdlichen Zucht.

Vergleichen Sie verschiedene Zwinger kritisch vor Ort miteinander. Prüfen Sie die Zuchtstätte ganz genau und nehmen Sie nicht den erstbesten Welpen vom erstbesten Züchter.

Scheuen Sie sich auch nicht vor weiten Anfahrtswegen, immerhin geht um die sorgfältige Auswahl eines neuen Familienmitglieds, mit dem Sie viele glückliche Jahre teilen möchten. Stellen Sie sich ebenfalls auf eine eventuelle Wartezeit ein, denn häufig wird nur auf Nachfrage hin gezüchtet. Dies ist allerdings ein gutes Zeichen, spricht es doch für eine reine Hobbyzucht, die primär an die Hunde und nicht an den Profit denkt. Trotzdem muss Ihnen ein gesunder Beagle-Welpe einiges Wert sein: der durchschnittliche Welpenpreis liegt derzeit zwischen 600.- € beim VJB und 1000.- € beim BCD.

Die Welpen sollen mit vollem Familienanschluss aufwachsen, sich bei Ihrem Besuch interessiert, selbstbewusst und freundlich zeigen. Ihr Fell glänzt, sie sind gut genährt und sehen rundum gesund aus. Das Verhalten der Welpen darf weder ängstlich noch aggressiv sein. Nehmen Sie außerdem die Mutter und, falls anwesend, auch den Vater sowie deren Gesundheitszeugnisse gründlich in Augenschein. Beide Elterntiere müssen Ihnen gegenüber zutraulich und freundlich sein. Achten Sie unbedingt auf Sauberkeit und Hygiene in der Zuchtstätte.

Ein guter Züchter interessiert sich sehr für Sie, Ihr Umfeld und eventuell bereits vorhandene Hundeerfahrung. Außerdem wird er Sie in keiner Weise bedrängen oder Ihnen einen Welpen aufschwatzen. Andererseits fragt er Sie,

Die Zuchtstätte sollte in einem einwandfrei hygienischen und sauberen Zustand sein. Lassen Sie sich vom Züchter auch die Mutter der Welpen zeigen.

für welchen Zweck Sie einen Beagle anschaffen möchten, damit er Ihnen einen geeigneten Welpen aus dem Wurf konkret vorstellen kann, schließlich kennt er seine Hunde und deren Nachwuchs am besten. Das Wohl seiner Hunde liegt einem seriösen Züchter wirklich am Herzen.

Haben Sie sich schließlich für einen Züchter und einen seiner Welpen entschieden, vereinbaren Sie vor der Abholung Ihres Vierbeiners weitere Besuche, damit sich der Kleine schon etwas an Sie gewöhnt. Bringen Sie zusätzlich ein altes Handtuch mit, das in das Welpenlager gelegt, bald nach der Mutter und den Wurfgeschwistern riecht. Bei der Abholung des Welpen nehmen Sie dieses Tuch wieder mit und legen es ihm zu Hause in sein neues Körbchen. Durch den weiterhin vorhandenen bekannten Geruch fällt ihm die Trennung von seiner Kinderstube nicht so schwer.

Tätigen Sie keine Mitleidskäufe! Bei dubiosen Schwarzzuchten liegt die Herkunft der Hunde meist völlig im Dunkeln.

Achten Sie bei der Auswahl eines Hundekörbchens auf die Möglichkeit einer einfachen, unproblematischen Reinigung.

Für die Abholung Ihres Welpen benötigen Sie ein **Welpenhalsband** oder -**geschirr** und eine leichte **Leine**, am besten aus Nylon. Dies ist im Vergleich zu Leder leichter, stabiler, nässefester und problemloser zu reinigen. Der ausgewachsene Hund braucht später ein größeres und breiteres Halsband oder Geschirr sowie eine passende, stabile Leine. Gewöhnen Sie Ihren Beagle sofort an das Tragen eines Halsbandes. Ist dies geschafft, befestigen Sie am Halsband neben der Steuermarke, eine gravierte Plakette oder eine Hülse mit Ihrer Adresse und Telefonnummer, damit Sie im Falle des Verschwindens Ihres Vierbeiners

schnell benachrichtigt werden können. Das Halsband darf nicht zu eng und nicht zu locker sitzen. Ein Finger muss problemlos zwischen Hals und Halsband passen. Besorgen Sie außerdem für Haus und Garten je ein Set mit einem **Futter-** und einem **Wassernapf**. Sehr gut geeignet, da leicht zu reinigen, sind Edelstahl-, Keramik- oder stabile Plastiknäpfe. Im Fachgeschäft erhalten Sie spezielle Futterstationen mit zwei Näpfen. Bei der Wahl des richtigen Welpenfutters lassen Sie sich am besten vorab von Ihrem Züchter beraten. Natürlich dürfen auch Belohnungsleckereien nicht fehlen.

Schlafplatz, Fellpflege und Spielzeug

Zudem benötigt Ihr Hund seinen eigenen Liegeplatz. Manchen Vierbeinern reicht hier eine einfache **Decke** oder ein Kissen, andere kuscheln sich lieber in einen **Korb**. Wichtig ist auch hier die Möglichkeit einer leichten, unproblematischen Reinigung, denn angemessene Sauberkeit und Hygiene sind eine wichtige Basis für ein langes, gesundes Hundeleben.

Alle Decken und Kissen müssen maschinenwaschbar sein. Ein Korb wird von Zeit zu Zeit ausgeschrubbt und anschließend mit Ungezieferspray behandelt. Hundekörbe gibt es inzwischen nicht nur aus Rattangeflecht, sondern auch aus stabilem, beißfestem Plastik oder aus Schaumgummi mit Stoffüberzug. Für den Junghund, der noch alles annagen und zerbeißen will, hat sich als Übergangslösung ein großer, mit einer Decke ausgelegter Karton bewährt, der schnell und preiswert ausgetauscht werden kann. Ebenfalls praktisch und vielseitig verwendbar ist eine große **Plastik-Transportbox** oder eine Klappbox aus verchromtem Stahlgitter. Während Ihr Welpe darin bereits ein heimeliges Lager vorfindet, in dem Sie ihn während Ihrer Abwesenheit auch mal ausbruchssicher verwahren können, weiß später sogar Ihr erwachsener Beagle diese Rückzugsmöglichkeit zu schätzen, vermittelt das Innere so einer Box doch die Geborgenheit einer Höhle. Bei einer Klappbox kommt dieses Höhlenfeeling erst richtig auf, wenn Sie diese noch mit einem großen Tuch abdecken. Eine Box ist ebenfalls sehr hilfreich, Ihren Hund sicher im Auto un-

Ihr Welpe braucht natürlich auch Spielzeug.

Der Züchter Ihres Kleinen berät Sie bei der Wahl des richtigen Welpenfutters sicherlich gerne.

EXTRA

terzubringen. Eine **ordnungsgemäße Sicherung** des Vierbeiners in einem **Auto** ist übrigens Pflicht; bei Verstoß drohen hohe Geldstrafen. Andere Sicherungssysteme für die Autofahrt sind beispielsweise ein spezieller Hundegurt, mit dem Sie Ihren Beagle auf der Rückbank anschnallen oder stabile Trenngitter, die den Schrägheckkofferraum, in dem Ihr Hund sitzt, sicher vom Personenabteil abtrennen. Für die Beförderung in öffentlichen Verkehrsmitteln ist mancherorts ein Maulkorb vorgeschrieben, auch wenn Ihr Hund ganz friedlich ist.

Um für den Fellwechsel im Frühjahr und Herbst gerüstet zu sein, benötigen Sie einen Gumminoppenhandschuh und eine **Sisalbürste**. Außerdem für Schlechtwettertage Handtücher zum Abtrocknen und Säubern. Schaffen Sie sich zudem eine **Zeckenzange** an, um Ihren bellenden Freund schnell von den lästigen Plagegeistern befreien zu können.
Zu guter Letzt braucht Ihr vierbeiniger Jungspund natürlich **Spielzeug**.

Das richtige Hundespielzeug

Orientieren Sie sich bei der Auswahl von Hundespielzeug am besten an folgendem Grundsatz: Alles, was für Kleinkinder ungeeignet ist, kann auch für Hunde gefährlich werden. So sind spitze, scharfkantige und splitternde Gegenstände oder Dinge, in denen Drähte oder Nägel enthalten sind, für unsere Vierbeiner absolut tabu. Ebenfalls verboten sind Äste von giftigen Bäumen oder Sträuchern und lackierte Hölzer. Luftballons stellen eine Gefahr dar, weil sie zerbissen schnell heruntergeschluckt werden und eine Darmverschlingung hervorrufen können. Ihr Beagle darf sich nicht an den Spielsachen Ihrer Kinder wie beispielsweise

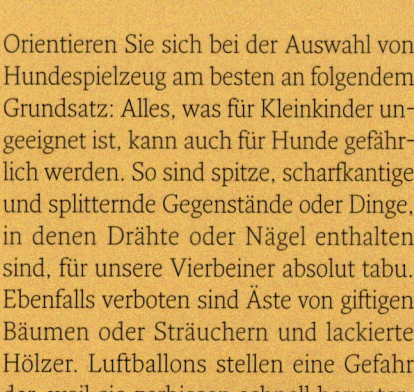

Legobausteinen sowie an Schnüren, Nylonstrümpfen, Windlichtern oder Plastikbechern vergreifen. Unproblematisch sind spezielle Hundespielsachen aus Hartholz, Jute, Hartgummi, Stoff und reißfestem Nylon. Kauspielzeug aus natürlichen Materialien, wie Rinder- und Büffelhaut, bietet nicht nur eine interessante Beschäftigung, sondern hat gleichzeitig einen gesundheitlichen Nutzen, denn es stärkt und reinigt das Gebiss. Bälle müssen immer so groß sein, dass Ihr Hund sie nicht verschlucken kann. Quietschspielzeug ist nur bedingt geeignet, denn ist Ihr Vierbeiner ein beson-

Bringsel aus Neopren, Jute oder Leder sind absolut maulschonend und somit für den begeisterten Apporteur besser geeignet.

ders eifriger „Spielzeug-Designer" zerlegt er auch ein Quietschtier schnell und frisst möglicherweise sogar das quietschende Ventil. Zudem sind einige Kynologen der Meinung, dass ein Hund durch das ständige Quietschen die Beißhemmung gegenüber quiekenden Artgenossen verlernt. Besser bewährt haben sich Spielsachen aus robustem Hartgummi. Ein begeisterter Apporteur sollte wegen der Splittergefahr auf Stöckchen aus dem Wald verzichten. Besorgen Sie ihm stattdessen lieber Hartholzspielzeug aus dem Zoofachhandel oder schneiden Sie einen Gartenschlauch in beaglegerechte Stücke. Als Alternative gibt es Bringsel aus Jute oder Leder, die absolut maul-

schonend sind. Ein aus bunten Baumwollschnüren zusammengedrehter Knoten ist zwar sehr beliebt, kann jedoch gefährlich werden, wenn der Vierbeiner den Knoten zerlegt und zu viele Schnüre davon verschluckt.

Welpensicheres Zuhause

Ist die Ankunft des neuen vierbeinigen Familienmitgliedes gut vorbereitet, steht dem Einzug nichts mehr im Wege.

Überprüfen Sie Ihr Zuhause schon vor dem Einzug eines Welpen auf mögliche Gefahrenquellen für den kleinen Vierbeiner und beseitigen Sie diese gegebenenfalls. Für den noch unerfahrenen, verspielten Beagle, der ständig auf der Suche nach neuen Abenteuern ist, lauern etliche Gefahren in Haus und Garten. Welpen erkunden ihre Umgebung in erster Linie mit der Nase und mit den Zähnen, das heißt: Alles, was Hund aufstöbert, muss beknabbert oder sogar gefressen werden. Besonders gefährlich und gefährdet sind hier Kabel und mobile Mehrfachsteckdosen. Verlegen Sie Kabel daher entweder in Kabelkanälen oder

lagern Sie diese, solange der Welpe noch in der Flegelphase ist, höher. Versehen Sie Steckdosen am Boden und in Nasenhöhe des vierbeinigen Knirpses vorsichtshalber mit Kindersicherungen. Bewahren Sie ebenfalls außer Reichweite des jungen Beagles Putzmittel und Medikamente auf. Erhöhte Vorsicht gilt bei Pflanzen, besonders wenn sie giftig sind. Stellen Sie auch diese vorübergehend hoch oder quartieren Sie sie an einen anderen Ort um. Ein weiteres großes Gefahrenpotenzial stellen heruntergefallene Kleinteile wie Büroklammern, Stecknadeln oder Geldstücke dar, weil der Welpe sie aus Neugier fressen könnte. Von ganz besonderer Anziehungskraft sind Schuhe. Junghunde spüren häufig mit einer erstaunlichen Zielsicherheit gerade das teuerste Paar auf und zerlegen es – vielleicht waren Sie aber auch schneller und haben die Schuhe rechtzeitig in Sicherheit gebracht. Hängen Sie auch Jalousie- und Rollobänder vorübergehend höher, denn das Fangen und Zerbeißen der baumelnden Schnüre ist ebenfalls sehr beliebt. Besonders interessiert ist der Welpe überall dort, wo es etwas auszuräumen gibt. Sichern Sie daher Möbeltüren oder Schubladen, die Ihr abenteuerlustiger Vierbeiner eventuell andernfalls mit seiner Schnauze oder

Treffen Sie auch in Ihrem Garten bestimmte Sicherheitsvorkehrungen für Ihren Welpen.

Interessierte Junghunde nehmen alles genauestens unter die Lupe.

Pfote öffnet. Ein mit einem Vorhang abgehängtes Regal regt enorm die Neugier eines jungen Hundes an. Evakuieren Sie also rechtzeitig empfindliche Gegenstände. Höchst attraktiv sind auch Abfalleimer, deren Inhalt Ihren Beagle auf vielfältige Art schädigen können. Steigen Sie deshalb besser auf Abfalleimer mit fest verschlossenem Deckel um. Nicht zuletzt ist das wilde Toben des kleinen Rackers gefährlich: Ist ein Welpe erst einmal in Fahrt, kennt er kein Halten mehr. Sichern Sie Treppen daher am besten mit einem Babygitter. Natürlich müssen Sie generell alles Zerbrechliche aus dem Weg räumen.

Zusammenfassend gilt Alles, was für Babys oder Kleinkinder in einem Haushalt gefährlich ist, kann auch für einen jungen Hund lebensbedrohlich werden. Richten Sie sich jedoch durch entsprechende Vorkehrungen rechtzeitig darauf ein, wird das Zusammenleben mit Ihrem Beagle-Welpen in der heißen (Flegel-)Phase sicherlich stressfreier sein.

Tipps für den Garten

Auch im Garten kann es für einen jungen Hund gefährlich werden. Denken Sie hier an Folgendes:

ⓘ *Damit sich der Welpe nicht unerlaubt auf Wanderschaft begibt, umzäunen Sie Ihr Grundstück.*

ⓘ *Flicken Sie rechtzeitig vor Ankunft des Vierbeiners Löcher im bereits vorhandenen Zaun.*

ⓘ *Lagern Sie gefährliche Stoffe – wie beispielsweise Frostschutzmittel für das Auto – am besten in einem verschließbaren Schrank.*

ⓘ *Vorsicht mit der Aufbewahrung und Verwendung von Chemikalien im Garten (z.B. Dünger, Schneckenkorn etc.).*

ⓘ *Komposthaufen und Gartenteich sollten für Ihren Beagle unzugänglich sein.*

ⓘ *Bewahren Sie gefährliche Gartengeräte wie Scheren, Sägen, Rechen und Hacken außerhalb der Reichweite Ihres Hundes auf.*

ⓘ *Hängen Sie den Gartenschlauch sicherheitshalber auf.*

Die ersten Tage daheim

Die erste Zeit in seinem neuen Zuhause ist für den kleinen Vierbeiner spannend, aber auch sehr anstrengend.

Ein seriöser Züchter gibt seine Welpen geimpft und entwurmt nicht vor der achten Lebenswoche ab. Am Abgabetag stattet er Sie mit dem Impfpass, der FCI-Ahnentafel (falls diese bereits vorliegt), Pflege-, Fütterungstipps und Futter für den Übergang aus. Außerdem sollten Sie auch eine Kopie des Wurfabnahmeberichtes erhalten. Vergessen Sie zur Abholung Ihres Hundekindes Welpenhalsband und Leine nicht. Wenn Sie berufstätig sind, nehmen Sie sich mindestens in den ersten zwei Wochen nach Einzug

des Vierbeiners frei. Dies erleichtert nicht nur die Erziehung zur Stubenreinheit, sondern ist auch für die gesunde, seelische Entwicklung des Hundebabys sehr wichtig.

Lassen Sie sich für die Heimfahrt viel Zeit. Eine längere Autofahrt ist für Ihren Welpen neu und ungewohnt. Manchen Hundekindern wird zunächst einmal übel, einige speicheln daraufhin nur, andere müssen sich übergeben. Legen Sie unterwegs mehrere Pausen ein, in denen sich Ihr kleiner Beagle lösen und bewegen kann. Fahren Sie langsam und knallen Sie nicht mit den Autotüren.

Ankunft im neuen Zuhause

Sind Sie mit Ihrem Welpen zu Hause angekommen, geben Sie ihm erst einmal genügend Zeit und Möglichkeit, sein neues Domizil ausgiebig zu erkunden. Auf keinen Fall dürfen alle Familienmitglieder gleichzeitig auf ihn einstürmen. In den ersten Stunden ist Behutsamkeit angebracht, damit der neue Mitbewohner nicht verängstigt wird. Zeigen Sie Ihrem Welpen seinen Schlafkorb. Setzen Sie ihn immer wieder hinein und beschäftigen Sie sich dort eine Weile mit ihm. Verbinden Sie dies schon von Anfang an mit dem Kommando „Körbchen". So merkt er bald, dass der Korb sein Platz ist und lernt schnell, auch auf Befehl dorthin zu gehen. Hat sich die erste Aufregung im neuen Heim für den Kleinen etwas gelegt, bekommt er sein Futter. Ein achtwöchiger Welpe muss vier Mahlzeiten erhalten. Eine Futterumstellung darf nur langsam erfolgen. Am besten mischen Sie hierfür nach und nach das mitgegebene Futter des Züchters mit Ihrem eventuell neuen Futter. Nach dem Füttern bringen Sie den Welpen sofort nach draußen, damit er sich lösen kann. Genauso verfahren Sie, wenn Ihr junger Beagle nach dem Schlafen aufwacht.

Schon mit wenigen Spielsachen ist so ein kleiner Vierbeiner absolut zufrieden.

Spielen macht müde. Tragen Sie dem noch ausgeprägten Schlafbedürfnis Ihres Welpen unbedingt Rechnung.

Beachten Sie, dass ein Welpe zunächst wie ein Baby noch sehr viel Schlaf braucht, ein Bedürfnis, dem Sie unbedingt Rechnung tragen sollten. Zur Erleichterung der Eingewöhnung nachts stellen Sie das Körbchen am besten an Ihr Bett. Ist Ihr Hund sehr unruhig, legen Sie ihm einen Wecker unter sein Kissen. Das Ticken kann ihn an den Herzschlag der Mutter erinnern und beruhigt ihn. Werden Sie, ob dieses kleinen, niedlichen und vermeintlich hilflosen Geschöpfes nicht schwach und lassen den Welpen ins Bett. Damit tun Sie sich und dem Hund keinen Gefallen. Dies wäre bereits der erste Schritt für den kleinen Neuankömmling, in der Rangordnung mit Ihnen zu konkurrieren. Streicheln Sie Ihren, in seinem Körbchen liegenden Vierbeiner lieber von Ihrem Bett aus in den Schlaf. Die zärtliche Berührung mit Ihrer Hand gibt ihm all die Geborgenheit und das Vertrauen, das er braucht, um als Hundebaby einem neuen aufregenden Tag entgegen zu schlafen.

Viel Geduld mit Tierheimhunden

Ein Secondhand-Hund benötigt besonders viel Zeit zur Eingewöhnung. Um ein besseres Bild von seiner Persönlichkeit zu bekommen, beobachten Sie den Neuankömmling ganz genau. Rasch finden Sie heraus, ob Sie nun ein

Tipp für Secondhand-Hundebesitzer

Um herauszufinden, welche Talente und Vorlieben Ihr Beagle hat, kann eine kompetente Hundeschule sehr hilfreich sein. Hier werden meist auch Spiel-, Spaß- und Sportkurse angeboten, die jeden Vierbeiner seinen Neigungen entsprechend fordern. Die intensive gemeinsame Beschäftigung mit Ihrem Beagle wird Ihre Bindung zueinander weiter fördern und Sie bald zu einem unzertrennlichen Dream-Team zusammenschweißen.

extremes Sensibelchen oder eher ein forsches Raubein im Haus haben. Lassen Sie Ihrem Neuzugang nichts durchgehen, was er auch später nicht tun darf. Ein ehemaliger Tierheimhund wird in einer neuen Familie zunächst mit Reizen überflutet, die er erst einmal in Ruhe verarbeiten muss. Trotzdem ist es wichtig, Ihren Beagle von Anfang an so natürlich wie möglich an Ihrem normalen Tagesablauf teilhaben zu lassen. Führen Sie sofort feste Fütterungs-, Spiel- und Spaziergehzeiten ein, damit Ihr vierbeiniger Kamerad bald seinen festen Rhythmus kennt. Hat sich die erste Aufregung gelegt, wird Ihr Hund auch Sie

Ein Secondhand-Hund benötigt besonders viel Zeit und Aufmerksamkeit.

ganz genau beobachten. Einem Beagle entgeht nichts. Er durchschaut schnell, wer in der Familie das Sagen hat und wer nicht und wo es Schwachstellen in der familieninternen Rangordnung gibt. Daher ist es besonders wichtig, klare Regeln vorzugeben, die der Vierbeiner strikt einhalten muss. Ihr Beagle ist rasch ausgeglichen und glücklich, wenn er sofort einen eindeutigen Platz in der neuen Lebensgemeinschaft einnimmt, mit einem Mensch an der Spitze, an dem er sich orientieren kann.

Die ersten Ausflüge

Bei Ihren ersten Spaziergängen sehen Sie, wie sich Ihr wedelnder Neuzugang Artgenossen gegenüber verhält. Auch für einen erwachsenen Beagle ist der regelmäßige Kontakt zu anderen Hunden nötig. Laden Sie Freunde mit Ihren Vierbeinern zu sich nach Hause ein: Da Ihr Hund anfangs noch kein Revierbewusstsein hat, wird er alles akzeptieren, was er in seinem neuen Heim vorfindet. Nützen Sie diese Tatsache aus und machen Sie Ihren Beagle möglichst bald, jedoch an der Leine gehalten, mit eventuellen anderen Haustieren bekannt. Hat Ihr neuer Kamerad in seiner Prägephase keine gute Sozialisierung erfahren, ist der Besuch einer Hundeschule empfehlenswert. Ein Secondhand-Hund kann hier zusammen mit seinem Halter noch sehr viel lernen. Erziehungstechnisch brauchen Sie bei einem erwachsenen Hund meist nicht ganz bei Null anfangen, sondern können auf die bereits vorhandenen Grundlagen aufbauen. Wichtig ist, dass Ihr Beagle nun Sie als neuen Hundeführer und somit Kommandogeber akzeptiert. Zeigen Sie daher unbedingt Konsequenz und Einfühlungsvermögen. Außerdem muss es Ihrem Beagle Spaß machen, Ihnen zu gehorchen, die richtige Motivation ist also das A und O einer erfolgreichen, partnerschaftlichen Erziehung.

Sozialisierung

Verantwortungsvolle Züchter machen ihre Hunde mit den verschiedensten Umweltreizen vertraut.

Damit er später als erwachsener Hund einen stressfreien Alltag mit einem sozialverträglichen Verhalten gegenüber Mensch und Tier leben kann, muss schon der Welpe mit möglichst vielen Umweltreizen vertraut gemacht werden. Die wichtigste Zeitspanne für die Sozialisierung liegt zwischen der dritten und etwa der 16. Lebenswoche. Für die erste Phase ist also der Züchter verantwortlich: Dort soll der Welpe nicht nur durch den Umgang mit seiner Mutter und den Wurfgeschwistern hündisches Verhalten lernen, auch möglichst viele positive Erfahrungen mit verschiedenen Menschen, einschließlich Kindern sind für die weitere Entwicklung des kleinen Vierbeiners wichtig. Deshalb sind bei einem verantwor-

tungsvollen Züchter ab der vierten Woche Besucher willkommen, selbstverständlich wohldosiert, um die Welpen nicht zu überfordern. Durch eine abwechslungsreiche Umgebung, wie beispielsweise einem interessanten, kleinen Abenteuerspielplatz im Welpenauslauf, wird das Hundekind bereits mit diversen Umweltreizen vertraut gemacht. Kurze Ausflüge sind dagegen erst erlaubt, wenn der Welpe komplett geimpft ist (ab der achten Lebenswoche). Hundekinder, die bis zu ihrer Abholung (und auch danach) völlig abgeschottet von ihrer Umwelt leben, tragen in der Regel irreparable Schäden davon, die sie an einer normalen Entwicklung hindern. Solche Hunde bleiben häufig ihr Leben lang unglückliche Sorgenkinder, die sich ständig als unsichere Angsthasen oder auch Beißer gebärden.

Nach der Abholung Ihres Beagles vom Züchter liegt die weitere Entwicklung des Welpen in Ihrer Hand. Machen Sie ihn zu Hause mit möglichst vielen Situationen bekannt: Sperren Sie ihn beispielsweise nicht weg, wenn Sie staubsaugen oder wenn Besuch kommt. Dies bedeutet natürlich nicht, dass Sie sofort nach der Ankunft des Vierbeiners den Staubsauger schwingen oder gar eine große Party feiern sollen. Vielmehr macht's die richtige Dosierung, damit Ihr junger Beagle langsam, aber sicher alle Geräusche und Abläufe um ihn herum als völlig normal ansieht. Leben noch andere Tiere bei Ihnen, gewöhnen Sie alle Vierbeiner ganz behutsam aneinander. Auf Stadtausflüge wird Ihr Welpe optimal vorbereitet, wenn Sie Großstadtgeräusche zunächst von einem Band abspielen. Am günstigsten ist dies während der Fütterung, denn dann verknüpft Ihr kleiner Beagle die ungewohnten Geräusche gleich mit etwas Positivem. Steigern Sie die Lautstärke allerdings erst allmählich. Gewöhnen Sie Ihren jungen Vierbeiner ebenfalls frühzeitig an die Mitnahme und das gesittete Verhalten im Auto und in öffentlichen Verkehrsmitteln.

Beim Spaziergang darf der Welpe in Ruhe seine Umgebung erkunden.

„Hey, gehe doch mal aus dem Weg, ansonsten zwänge ich mich unter deinem Bauch durch. Ich muss nämlich unbedingt zu diesen Stöckchen."

Erste Erkundungstouren

Während Ihrer Spaziergänge lassen Sie den Welpen in Ruhe seine Umgebung erkunden. Streuen Sie zwischendurch kleine Spielchen ein, die all seine Sinne und vor allem auch das Interesse an Ihnen wecken. Auf diese spielerische Art merkt Ihr Beagle schnell, dass es sich lohnt, Ihnen zu folgen. Wechseln Sie öfters mal die Wege und provozieren Sie Begegnungen mit Artgenossen, anderen Tieren und Menschen. Beginnen Sie hier bereits spielerisch die Erziehung, indem Sie Ihrem Beagle beispielsweise durch Ablenkung mit einem verlockenden Spielzeug schon beibringen, fremde Menschen nicht anzuspringen. Respektieren Sie auch, wenn ein anderer Hundebesitzer von einem Zusammentreffen mit Ihnen Abstand nimmt. Vielleicht genoss sein Hund nicht so eine gute Sozialisierung wie Ihrer. Nehmen Sie Ihren Welpen dann lieber an die kurze Leine und gehen Sie ohne direkten Kontakt am anderen Vierbeiner vorbei, schließlich muss Ihr Beagle auch lernen, sich in solchen Situationen manierlich zu verhalten. Das Kennenlernen verschiedener Bodenuntergründe und von Wasser fällt ebenso in die wichtige Sozialisierungsphase. Unbedingt empfehlenswert ist der Besuch einer Welpenspielstunde in einer guten

Hundeschule. Hier lernt der junge Vierbeiner zusammen mit gleichaltrigen Artgenossen, wie er sich hündisch korrekt verhält. Außerdem wird er dort mit unterschiedlichen Geräuschen und Gegenständen wie zum Beispiel einem aufgespannten Regenschirm oder flatternden Folien vertraut gemacht. Gehen Sie allerdings erst mit Ihrem Welpen auf den Hundeplatz, wenn er die zweite Impfung bereits erhalten hat und somit gegen diverse Infektionskrankheiten grundimmunisiert ist.

Um eine gute Verträglichkeit mit Artgenossen zu fördern, empfiehlt sich zudem häufiger Hundebesuch bei Ihnen daheim. Da Ihr Beagle dann nicht mehr als vierbeiniger Alleinherrscher im Mittelpunkt steht, kann dies sogar „Einzelkindallüren" entgegenwirken.

So finden Sie die passende Hundeschule

Inzwischen gibt es an vielen Orten Hundeschulen und Tiertrainer. Welche Möglichkeiten Sie in Ihrer Region haben, wissen in der Regel Tierärzte, örtliche Tierheime oder andere Hundehalter. Auch überregionale Verbände und Organisationen sind kompetente Ansprechpartner. Haben Sie nun eine konkrete Hundeschule im Auge, prüfen Sie das Angebot anhand der Fragen im Kasten genau.

Merken Sie, dass Sie mit dem Trainer oder der angebotenen Methode nicht zurechtkommen, wechseln Sie die Hundeschule. Handeln Sie immer im Interesse Ihres Hundes. Nur ein Beagle, der Spaß an der Sache hat, lernt gerne und leicht. Auch Sie können in einer kompetenten und sympathischen Hundeschule nette Freundschaften und Kontakte mit Gleichgesinnten knüpfen und einen wichtigen Erfahrungsaustausch pflegen.

Ein Welpe braucht den Kontakt zu Artgenossen gleichen Alters, aber auch zu Älteren.

Fragekatalog Hundeschule

ⓘ *Ist der Trainer schon am Telefon bereit, ausführlich Fragen zu beantworten und fragt er Sie auch viel über Sie und Ihren Hund?*

ⓘ *Nach welcher Methode wird trainiert?*

ⓘ *Kann der Trainer eine fundierte Ausbildung nachweisen?*

ⓘ *Gibt es ein (eingezäuntes!) Trainingsgelände, auf dem die Hunde in Trainingspausen auch mal miteinander spielen dürfen?*

ⓘ *Wie groß sind die Trainingsgruppen? Zu große Gruppen lassen kaum noch Spielraum für die genaue Beobachtung und Beratung eines jeden Einzelnen.*

ⓘ *Gibt es auch Einzelstunden für individuelle Probleme?*

ⓘ *Stehen die Kosten in einem vernünftigen Verhältnis zum Angebot?*

ⓘ *Sind ein anfängliches Zusehen sowie ein Probetraining möglich?*

ⓘ *Stimmt die Chemie zwischen Ihrem Beagle und dem Trainer sowie zwischen Ihnen und dem Trainer?*

ⓘ *Freut sich Ihr Vierbeiner, wenn es auf den Hundeplatz geht und hat er Spaß am Training?*

ⓘ *Macht Ihr Hund langfristig Fortschritte?*

Welpenspielplatz zu Hause

Leicht können Sie Ihrem Welpen zu Hause mit einfachen und ganz alltäglichen Dingen einen Abenteuerspielplatz kreieren. Führen Sie Ihr Hundekind an alle Stationen langsam heran und zeigen Sie ihm alles ganz behutsam. Loben Sie Ihren Welpen ausgiebig, wenn er mutig die neue Umgebung erkundet. Haben Sie Geduld mit Angsthasen und überfordern Sie diese nicht. Machen Sie den Spielplatz für ängstliche Vierbeiner noch interessanter, damit in jedem Fall deren Neugier geweckt wird. Taut der schüchterne Welpe auf und zeigt Interesse, loben Sie ihn gründlich.

Auch das Erkunden von verschiedenen Bodenuntergründen fällt in die Sozialisierungsphase eines Welpen.

ⓘ Stellen Sie einen großen, offenen Karton auf, den Ihr Vierbeiner nach Herzenslust erkunden und anschließend auch zerlegen darf.
ⓘ Hängen Sie alte, bunte Stofffetzen an eine Wäscheleine: Hier lernt der Kleine, sich nicht von flatternden Dingen aus der Ruhe brin-

gen zu lassen. Eine Stufe schwieriger wird's mit Folienresten, denn diese rascheln auch noch.
ⓘ Legen Sie eine Leiter auf den Boden und führen Sie Ihren jungen Beagle langsam darüber. Hier ist Koordination gefragt, denn er lernt, seine Pfoten genau in die Leerräume zwischen den Sprossen zu setzen.
ⓘ Stellen Sie eine Hundetransportbox mit geöffneter Tür auf und verteilen Sie in der Box Leckerli: So wird der Welpe schon spielerisch mit der Box vertraut gemacht, verknüpft sie mit etwas Positivem (Futter) und empfindet später die Reise darin als etwas ganz Normales.
ⓘ Legen Sie eine große Malerfolie auf dem Boden aus: Dies ist ein unbekannter, raschelnder und glatter Untergrund, den es zu betreten gilt. Streuen Sie für Zaghafte Leckerli auf der Folie aus.
ⓘ Selbst ein Zelt ist ein interessantes Erkundungsobjekt, das sowohl durch die Überdachung als auch durch den Zeltboden neu und aufregend ist.
ⓘ Stellen Sie zum genauen Erforschen einen aufgespannten Sonnenschirm auf den Boden, legen Sie als Lockmittel Leckerli darunter aus.
ⓘ Legen Sie einen Eimer auf den Boden, den Ihr Hundekind ausgiebig erkunden darf.
ⓘ Lassen Sie zunächst in großer (!) Entfernung vom Welpen eine aufgeblasene Butter-

Der Welpenspielplatz daheim ersetzt keinesfalls das Spiel mit Artgenossen – es stellt nur eine gute Ergänzung dar.

brottüte platzen, sodass er den Knall erst nur sehr gedämpft hört. Zusätzlich kann er währenddessen von einer zweiten Person abgelenkt werden. Wenn sich der Hund entspannt hat, ausgiebig loben und belohnen. Erhöhen Sie ganz langsam die Intensität des Geräusches. Auf diese Weise lernt ein Welpe Silvesterknallerei und Donnergrollen zu trotzen. Selbstverständlich funktioniert diese Übung auch wieder über eine aufgenommene Kassette oder CD. Beginnen Sie jedoch wie immer erst leise und steigern Sie die Lautstärke nur langsam.

Bitte beachten Sie, dass dieser Spielplatz für zu Hause auf keinen Fall das Welpenspielen auf einem Hundeplatz ersetzt. Es stellt lediglich eine gute Ergänzung dar, die Ihren Vierbeiner anderen Alltagssituationen gegenüber selbstbewusster und gelassener werden lässt.

Erste Erziehungsschritte

Gerade in der Flegelphase ist ein Beagle stets auf der Suche nach neuen Abenteuern.

Gerade Ersthalter lassen sich häufig vom süßen Blick und putzigen Verhalten ihres neuen Familienmitglieds einwickeln und verschieben die Erziehung des kleinen Rackers zunächst einmal auf unbestimmte Zeit. Machen Sie diesen Fehler nicht. Am aufnahmefähigsten ist ein Welpe bis zur 18. Lebenswoche, nützen Sie also diese Zeit und fangen Sie sofort mit einer spielerischen Erziehung an. Ganz entscheidend für die Lernbereitschaft und damit auch die Lernfähigkeit ist das Lernklima. Stress und Angst sind Gift für ein erfolgreiches Lernen. Sicherlich können Sie das aus eigener Erfahrung gut nachvollziehen. Verschaffen Sie Ihrem Hund daher eine ruhige, angenehme und entspannte Atmosphäre, in der er, verstärkt durch die richtige Motivation, Spaß am Lernen hat.

Stubenreinheit

Ein Welpe braucht zunächst wie ein Menschenbaby auch ein gewisses Bewusstsein dafür, wo er sich lösen darf und wo nicht. Bei der Erziehung zur Stubenreinheit ist viel Behutsamkeit angebracht. Überfordern Sie Ihren kleinen Beagle nicht. Bringen Sie ihn nach jeder Mahlzeit und gleich nach dem Aufwachen zum Lösen ins Freie. Beobachten Sie Ihr Hundekind ganz genau: Wenn er beispielsweise breitbeinig am Boden schnüffelt, ist schnelles Handeln angebracht, denn postwendend kann ein Pfützchen folgen. Verrichtet der Kleine draußen sein Geschäft, loben Sie ihn unbedingt überschwänglich.

Als anfängliches Welpenlager nachts empfiehlt sich ein hoher Pappkarton oder eine Transportbox in Ihrem Schlafzimmer, aus der Ihr Vierbeiner nicht selbstständig heraus-

*Beginnen Sie sofort mit der Erziehung Ihres Wel-
pen und lassen Sie sich nicht von dessen süßem
Blick einwickeln.*

*Ein Welpe, der etwas breitbeinig am Boden
schnuppert, setzt höchstwahrscheinlich gleich ein
Pfützchen ab.*

kommt. Weil er sein eigenes Lager nicht be-
schmutzen möchte, wird er unruhig und fängt
an zu winseln, wenn er muss. Tragen Sie ihn
dann schnell hinaus. Entdecken Sie ein Pfüt-
chen im Haus, entfernen Sie es stillschwei-
gend und gründlich, damit Ihr Welpe nicht
wieder, von seinem eigenen Geruch angezo-
gen, an derselben Stelle uriniert. Ertappen Sie
ihn gerade beim Lösen, heben Sie ihn mit
einem bestimmten „Nein" hoch und bringen
Sie ihn ins Freie. Fährt er dort mit seinem Geschäft fort, loben Sie ihn wieder ausgiebig.
Stupsen Sie nie die Hundenase in die Hinter-
lassenschaften des Welpen, denn dies hat
keinerlei Lerneffekt, ist Tierquälerei und somit
als Strafe völlig ungeeignet. Es führt nur zu
einem Vertrauensbruch zwischen Ihnen und
Ihrem Beagle.
Lassen Sie Ihr Hundekind anfangs vorsichtshalber alle ein bis zwei Stunden nach draußen.
Je aufmerksamer Sie Ihren Welpen beobachten und je schneller Sie dann reagieren, umso
rascher wird Ihr Beagle stubenrein.

Leinenführigkeit

Ein ordentliches Gehen an der Leine können
Sie Ihrem Welpen mit ein paar Tricks schnell
beibringen. Bleiben Sie dabei dauerhaft konse-

*Plötzliche Unsauberkeit im Erwachsenenalter kann
viele Ursachen haben. Bestrafen Sie Ihren Hund
hierfür auf keinen Fall, sondern versuchen Sie vielmehr den Grund herauszufinden.*

Wie lernt ein Welpe?

ⓘ *Welpen sind ganz genaue Beobachter
und lernen somit rasch, wovor Sie Angst
haben, wen Sie mögen und wen nicht; auch
die familieninterne Rangordnung durch-
schauen sie schnell.*

ⓘ *Welpen sind Praktiker; vieles lernen sie
durch Erfahrung, wie schlechte oder gute Erlebnisse, Bestrafung und Lob.*

ⓘ *Das genaue Lernverhalten eines Welpen
ist abhängig von seinem individuellen Charakter, seiner Intelligenz und seinen speziellen, angeborenen Neigungen.*

Gönnen Sie Ihrem bellenden Kamerad möglichst oft leinenfreie Phasen, in denen er sich nach Herzenslust so richtig austoben darf.

Früh übt sich ...

quent, gewöhnt sich Ihr Beagle auch später kein übermäßiges Ziehen an. Machen Sie Ihr Hundekind zunächst einmal spielerisch mit seiner Leine vertraut: Lassen Sie den Welpen ausgiebig daran schnuppern und zeigen Sie ihm, dass hiervon absolut keine Gefahr für ihn ausgeht. Dann leinen Sie Ihren Vierbeiner an und locken ihn mit einem Leckerli oder seinem Lieblingsspielzeug, sodass er ein paar Schritte an der Leine geht. Loben und belohnen Sie ihn ausgiebig, wenn er die Leine vergisst und Ihnen folgt. Geben Sie nicht nach, wenn er sich stur stellt, sich hinsetzt oder fallen lässt. Setzen Sie sich unbedingt spielerisch durch, denn einige Vierbeiner testen bei dieser Übung bereits, wie weit sie mit ihrem Sturköpfchen gehen können. Versuchen Sie Ihren Welpen in einem solchen Fall abzulenken, machen Sie sich interessant und locken Sie ihn zu sich.

Stellt sich Ihr Beaglekind stur, dürfen Sie nicht nachgeben. Motivieren Sie Ihn mit aufmunternden Worten oder einer Spielaufforderung.

Eine weitere Möglichkeit besteht darin, die Leine fallen zu lassen, weiterzugehen und den Namen des Welpen zu rufen. Da der Kleine nicht alleingelassen werden möchte, wird er Ihnen automatisch folgen. Nun loben Sie ihn überschwänglich und geben Sie ihm ein Leckerchen oder sein Lieblingsspielzeug. Diese Übung sollten Sie natürlich nicht an einer Straße durchführen. Die richtige Motivation spielt für den jungen Hund stets eine entscheidende Rolle. Jeder Schritt in die richtige Richtung wird ausgiebig gelobt.

Akzeptiert Ihr Beagle die Leine, geht es daran, ihn gar nicht erst zum Ziehen zu verleiten. Sobald sich die Hundeleine spannt, rufen Sie Ihren Hund zu sich und klopfen Sie sich dabei gleichzeitig aufmunternd ans Bein. Machen Sie Ihren Hund auf Sie aufmerksam, indem Sie ein Leckerli oder das Lieblingsspielzeug Ihres Vierbeiners in der Hand halten. Reden Sie immer wieder mit Ihrem Beagle und motivieren Sie ihn mit Spaß, an lockerer Leine bei Ihnen zu bleiben. Loben Sie ausgiebig, wenn Ihr kleiner Schüler zu Ihnen kommt und auch bei Ihnen bleibt. Die täglichen Spaziergänge werden für Sie beide interessanter, wenn Sie öfters neue Wege gehen.

Erfolgreiche Verzögerungstaktik

Eine gute Leinenführigkeit erreichen Sie auch, wenn Sie stehen bleiben, sobald sich die Leine spannt. Sprechen Sie nicht mit Ihrem Hund und ziehen Sie auch selbst nicht an der Leine, sondern warten Sie einfach ab. Stoppt der Spaziergang, wird sich Ihr haariger Begleiter schnell umdrehen, um zu sehen, warum es eine Verzögerung gibt. In diesem Moment lockert sich die Leine: Loben Sie Ihren Vierbeiner sofort ausgiebig und setzen Sie Ihren Gang in die genau entgegengesetzte Richtung fort. Diese Übung verlangt viel Ruhe und Geduld. Zunächst sind etliche Wiederholungen nötig, doch bald hat Ihr Beagle verstanden, dass auf ein Ziehen an der Leine ein sofortiger Stillstand und anschließender Richtungswechsel erfolgt, kein Leinenzug jedoch viel Lob und Spaß bringt.

Um übermäßiges Ziehen an der Leine einzudämmen, ist ein Leinenruck oder -zug Ihrerseits nicht empfehlenswert: Dies kann die empfindliche Halswirbelsäule und den Kehlkopf massiv verletzen. Außerdem zeigen Sie dem Hund genau *das* Verhalten, welches Sie ihm eigentlich abgewöhnen wollen. Ziehen Sie auch dann nicht an der Leine, wenn Ihr Vierbeiner längere Zeit schnüffelt und nicht weiter gehen will. Motivieren Sie ihn lieber mit aufmunternden Worten oder einer Spielaufforderung, Ihnen zu folgen. Das Weitergehen können Sie sogar üben, indem Sie immer das gleiche Kommando wie beispielsweise „Weiter" sowie eine auffordernde Handbewegung verwenden. Am schnellsten lernt Ihr Hund diese Übung unangeleint auf einer Wiese. Weil sich Hunde sehr an Ihrer Körpersprache orientieren, ist es wichtig, dass Sie nach der gesprochenen Aufforderung „Weiter" auch wirklich weitergehen und nicht stehen bleiben. Folgt Ihnen Ihr Beagle, loben Sie ihn sofort

Machen Sie kein Aufhebens um Ihren Aufbruch und Ihre Rückkehr, ansonsten erziehen Sie Ihren Vierbeiner zu späterer Trennungsangst.

wieder kräftig und geben Sie ihm ein Leckerli oder spielen Sie zur Belohnung mit ihm.

Alleinbleiben

Nicht immer wird es Ihnen möglich sein, Ihren Beagle mitzunehmen, daher muss er schon von klein auf auch das gesittete Alleinbleiben lernen. Lassen Sie Ihren Hund zunächst nur kurz allein und zwar erst, wenn er sich in ihrer Umgebung ganz sicher und geborgen fühlt. Verlassen Sie das Zimmer, wenn er schläft oder mit einem Kauröllchen beschäftigt ist. Liegt Ihr Welpe bei Ihrer Rückkehr noch brav auf seinem Platz, loben Sie ihn. Vergrößern

Gehört Ihr Hund zu den Härtefällen, die sich trotz aller Übung sehr schwer mit dem gesitteten Alleinbleiben tun, versüßen Sie ihm die Zeit des Wartens mit sinnvoller Beschäftigung.

Vorsicht mit Flexileinen

Verwenden Sie aufrollbare Flexileinen erst, wenn Ihr Hund zuverlässig leinenführig ist, ansonsten könnte ihn die vermeintlich gegebene Freiheit durch die Länge dieser Leine zu einem stetigen Ziehen verleiten.

Die Gesellschaft eines Zweithundes oder eines befreundeten „Leihhundes" hat schon so manchen Unruhegeist zur Vernunft gebracht und die Verlassensangst vertrieben.

Sie langsam die Zeitspanne und gehen Sie schließlich ganz aus dem Haus. Machen Sie kein Drama aus Ihrem Weggang und verabschieden Sie sich nicht groß. Je mehr Aufhebens Sie um Ihren Aufbruch und Ihre Rückkehr machen, umso eher erziehen Sie Ihren Vierbeiner zu späterer Trennungsangst. Loben und belohnen Sie ihn jedoch, wenn er brav auf Sie gewartet hat.

Trotz aller Übung gibt es immer wieder Härtefälle, die sich sehr schwer mit dem gesitteten Alleinbleiben tun. Solchen Hunden können Sie die Zeit des Wartens mit einem kleinen Animationsprogramm versüßen.

Rezepte gegen Langeweile

Damit Ihr Hund Ihre Gardinen, Möbel oder andere Einrichtungsgegenstände verschont, geben Sie ihm Pappschachteln oder leere Allzweckrollen, um seinen Frust abzureagieren. Auch kleinere, stabile Kartons mit Deckel garantieren eine abwechslungsreiche Beschäftigung. Verstecken Sie darin in Zeitung gewickelte Leckerlis. Während Supernasen die Knabbereien sofort erschnuppern und eifrig

„auspacken", können Sie für weniger Geübte einige „Duftlöcher" in den Deckel stechen. Versteckt Ihr Hund gerne Leckereien, hat es sich bewährt, ihm Plätze in der Wohnung dafür einzurichten, an denen er nach Herzenslust „graben" darf. Hierfür verteilen Sie beispielsweise ausgediente Handtücher oder Decken an verschiedenen Stellen eines Raumes. Dies schützt Sie auch davor, einen feuchtklebrigen Kauknochen oder Ähnliches abends in Ihrem Bett zu finden.

Kurzweiliger wird das Warten ebenfalls mit einem Futterball aus dem Zoofachhandel, der nur ab und zu, bei bestimmten Bewegungen über verschieden große Öffnungen Leckerlis frei gibt. Hier muss der Hund Geduld und Geschicklichkeit beweisen, wodurch er von anderem Schabernack abgelenkt wird.

Läuft während Ihrer Abwesenheit das Radio, fühlt sich Ihr Beagle nicht so einsam.

Da geteiltes Leid bekanntlich halbes Leid ist, kann auch die Anschaffung eines Zweithundes oder die vorübergehende Vergesellschaftung mit einem befreundeten „Leihhund" aus der Nachbarschaft helfen. Letzteres hat schon so manchen Quälgeist zur Vernunft gebracht, sodass er inzwischen sogar alleine und, ohne

Weitere Tipps

Das Alleinbleiben fällt Hunden leichter, die müde sind. Gehen Sie daher vorher mit Ihrem Vierbeiner spazieren oder spielen Sie mit ihm. Auch satte Hunde sind schläfrig. Es empfiehlt sich also außerdem, Ihren Beagle vor Ihrem Weggang zu füttern. Lassen Sie ihn anschließend aber noch einmal nach draußen, damit er sich lösen kann. Viele Hunde tröstet schon ein vertrautes Kleidungsstück wie ein ausrangierter Socken oder eine alte Jacke von Ihnen im Körbchen.

außerplanmäßige Dummheiten zu machen, auf Herrchens Heimkehr wartet.

Hat Ihr Vierbeiner während Ihrer Abwesenheit etwas angestellt, schimpfen Sie ihn nicht. Dafür müssten Sie ihn wirklich auf frischer Tat ertappen, ansonsten bringt er die Bestrafung nur mit Ihrer Rückkehr, nicht aber mit seinem Vergehen in Zusammenhang. Ignorieren Sie Ihren Hund lieber, bis alle Spuren beseitigt sind.

Abgewöhnen von Jugendsünden

Die Flegelphase eines Junghundes beginnt etwa ab dem achten Lebensmonat. In diese Zeit fällt auch die Geschlechtsreife des Vierbeiners. Nun testet Ihr Beagle vermehrt aus, wie weit er gehen kann, und ob er Ihnen wirklich gehorchen muss oder nicht. Außerdem stellt der Jungspund allerhand Unfug an. Manche Hunde sind hierbei sehr erfinderisch. Kein Wunder, schließlich suchen sie mit ihrem aufmüpfigen Verhalten ihre genaue Rangposition innerhalb des Familienrudels. Spätestens jetzt ist ein konsequentes Grenzensetzen enorm wichtig, ansonsten wächst Ihnen Ihr Beagle schnell über den Kopf. Achten Sie unbedingt auf feste sowie klare Regeln und einen strukturierten Tagesablauf. Nur so merkt Ihr Vierbeiner, wer in der Familie das Sagen hat – er orientiert sich daran und passt sich an.

Anspringen

Hunde begrüßen und beschwichtigen ranghöhere Artgenossen, indem sie deren Mundwinkel lecken, ein Verhalten, das im Futterbetteln von Wolfswelpen bei ihrer Mutter begründet liegt. Genauso möchten sich die Vierbeiner bei uns Menschen geben, doch „leider" ist dies den Hunden aufgrund unserer Größe nicht möglich, ohne uns dabei anzuspringen. Zwar ist dieses Verhalten durchaus gut gemeint und gilt als Geste der Unterordnung, trotzdem aber ist es, zu Recht, nicht besonders beliebt. Im-

Gewöhnen Sie Ihrem Hund das Anspringen von vornherein ab.

merhin bringt ein kräftiger Hund eine gewisse Masse mit, die einen nicht ganz standfesten Menschen im wahrsten Sinne des Wortes regelrecht umhauen kann. Außerdem sind gerade bei Schmuddelwetter hündische Drecktapser auf einer hellen Hose nicht unbedingt wünschenswert. Gewöhnen Sie daher schon dem Welpen ab, Menschen anzuspringen, indem Sie und Ihr Besuch sich bei jeder stürmischen Begrüßung vom Hund wegdrehen und ihn ignorieren. Sie kommen außerdem der ausgelassenen Freude Ihres Vierbeiners zuvor, wenn Sie sich zu ihm hinunter beugen und seine Sprungversuche bereits unten abfangen. Wenden Sie sich Ihrem Hund allerdings erst zu, wenn er sich etwas beruhigt hat. Kommentieren Sie ein eventuelles Springen mit einem energischen „Ab" und loben Sie Ihren Beagle ausgiebig, wenn er unten bleibt.

Knabber- und Beißspiele

Absolut unerwünscht ist das Beknabbern und Zerbeißen von Schuhen oder Ähnlichem. Der bellende Teenager zwickt auch gerne in Hände, Füße und (Hosen-)Beine. Zwar ist das Knabbern nicht generell schlecht, immerhin nimmt der Junghund damit seine Umgebung ganz genau unter die Lupe. Neue Dinge lernt er also

Das Beknabbern oder gar Zerbeißen von Schnürsenkeln sollte auch nicht erlaubt sein.

auf diese Weise erst einmal kennen. Trotzdem müssen Sie dieses Verhalten zu Hause in die richtigen Bahnen lenken. Am besten bekommt Ihr Beagle gar keine Gelegenheit, an Ihre Schuhe oder Socken zu gelangen. Hat er doch einmal etwas Unerlaubtes zwischen den Zähnen, nehmen Sie es ihm mit einem energischen „Nein" weg. Nach einer kurzen Pause lenken Sie ihn mit einem kleinen Spiel ab und geben ihm anschließend ein erlaubtes Kauspielzeug. In dieser Phase ist es besonders wichtig, dem Vierbeiner genügend „legale" Knabberspielsachen aus Hartgummi, Hartholz oder Büffelhaut zur Verfügung zu stellen, denn häufig kaut der Welpe schon aus Langeweile. Ebenfalls unerlässlich ist natürlich eine angemessene Auslastung durch Spaziergänge und Spiele.

Vergreift sich Ihr Beagle im Spiel zu fest an Ihrer Hand, reagieren Sie erneut mit einem „Nein" und beenden Sie das Spiel sofort. Bald stellt der Kleine sein Zwicken ein, denn der stets folgende Spielentzug macht das Beißen unattraktiv.

Betteln

Füttern Sie Ihren Hund am Tisch, fordert Ihr Beagle mit der Zeit seinen Obolus schon durch vehementes Betteln ein. Selbst wenn Sie dieses Verhalten nicht stört, fällt Ihr Junghund

und damit auch Ihre Erziehung bei Besuchern oder in einer eventuellen Pflegestelle doch sehr negativ auf. Damit es erst gar nicht so weit kommt, richten Sie Ihrem Vierbeiner von Anfang an einen eigenen, festen Futterplatz ein; nur hier wird er gefüttert. Während Ihrer Mahlzeit muss Ihr Vierbeiner auf seinem Platz liegen. Möchten Sie ihm dennoch ein kleines Stückchen Wurst oder Käse von Ihrer Brotzeit aufheben, geben Sie es dem Hund trotzdem erst, wenn Sie mit Essen fertig sind.

Futterklau

Viele Hunde klauen bei jeder Gelegenheit wie die Raben alles Essbare vom Tisch. Dies ist dem Vierbeiner nur schwer abzugewöhnen, denn es handelt sich dabei um ein selbst belohnendes Verhalten: Der Hund wird mit dem geklauten Futter umgehend für seine Tat belohnt. Diese Verstärkung bringt Ihren Hund also dazu, die unerlaubte Handlung immer wieder durchzuführen. Am besten lassen Sie nichts Essbares in Reichweite Ihres Beagles liegen.

Schimpfen Sie Ihren Hund nur, wenn Sie ihn auf frischer Tat ertappen, ansonsten hat er seinen Diebstahl vergessen und bringt die Strafe mit Ihrer Rückkehr in Verbindung. Einen Futterklau können Sie auch provozieren und gleich

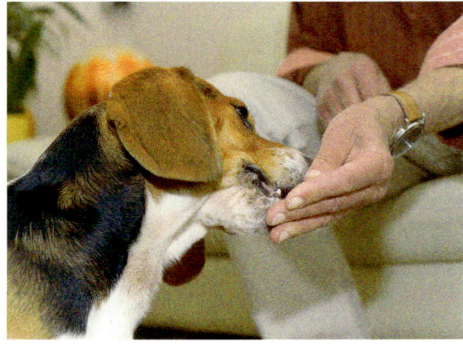

Füttern Sie Ihren Hund während auch Sie essen, fordert Ihr Beagle mit der Zeit seinen Anteil schon durch penetrantes Betteln ein.

Versuchen Sie, Ihrem Hund keine Gelegenheit zu bieten, unerlaubt Fressbares zu stibitzen.

Hunde lieben erhöhte Aussichtsplätze. Aufs Sofa sollte der Beagle nur mit Ihrer Erlaubnis dürfen und vor allem ohne Murren wieder herunterspringen.

mit einem schlechten Erlebnis für den Vierbeiner kombinieren: Befestigen Sie dafür an einem besonders verlockend duftenden Leckerbissen laut scheppernde Blechdosen. Platzieren Sie die Verlockung nun genau an der Tischkante. Entfernen Sie sich anschließend aus dem Zimmer und lassen Sie Ihren Hund mit der Versuchung allein. Schnappt er jetzt nach der Leckerei, fallen auch die Dosen lärmend zu Boden. Ihr Dieb erschreckt sich und wird so schnell nichts mehr vom Tisch klauen.

Springen auf Möbel

Weil Hunde erhöhte Sitz- und Liegeplätze lieben, springen sie gerne auf das Bett, die Couch oder einen Sessel. Neben dem gemütlichen Liegekomfort spielt hier auch die tolle Rundumsicht, mit der Hund stets alles im Blick hat, eine Rolle. Im Prinzip spricht nichts dagegen, wenn Ihr Beagle auf Kommando hinauf- und besonders auch wieder hinabspringt. Tut er das nicht oder nur aus Protest, lassen Sie ihn gar nicht mehr nach oben. Den Hund hierfür zu bestrafen nützt allerdings wieder nur, wenn Sie den Täter prompt überführen. Machen Sie Ihrem Vierbeiner bevorzugte Liegeflächen wie Bett oder Couch während Ihrer Abwesenheit so ungemütlich wie möglich: Legen Sie eine dünne Decke aus, unter der Sie lärmende Ge-

genstände wie Topfdeckel oder mit Kieselsteinen gefüllte Blechdosen verstecken. Springt Ihr Hund nun auf das so präparierte Sofa, erschreckt er durch die laut scheppernden Dinge. Auch der Liegekomfort ist dadurch stark beeinträchtigt, Ihre Couch verliert somit schnell ihren Reiz. Manchmal reicht es sogar schon, den verbotenen Platz mit beidseitigem Klebeband zu präparieren: Bei jeder Berührung ziept es, weil einige Haare daran hängen bleiben.

Übermäßiges Bellen

Dauerkläffen kann verschiedene Ursachen haben. Viele Hunde bellen, um mehr Aufmerksamkeit zu bekommen. Ihre wütende

Etliche Hunde bellen, um mehr Aufmerksamkeit zu bekommen, andere aus Unsicherheit, Angst oder Langeweile.

Mithilfe eines Leckerlis lernt der Hund schnell das „Sitz".

Reaktion reicht ihnen meist schon als Bestätigung und Motivation, weiterzumachen. Andere Vierbeiner bellen aus Unsicherheit oder Angst. Etliche sensible Vertreter werden gerade während Ihrer Abwesenheit aus Verlassensangst laut (siehe Kapitel „Alleinbleiben"). Manchen Kläffern wurde das Bellen auch unbewusst anerzogen: Gerade bei Junghunden wird das Anschlagen häufig in bestimmten Situationen durch eine Belohnung gefördert. Oft steigern sich Hunde immer weiter in ihr Kläffen hinein. Um übermäßiges Bellen abzustellen ist in erster Linie eine intensive, auslastende Beschäftigung wichtig. Fordern Sie Ihren Beagle mit einer alternativen Aufgabe. Loben und Belohnen Sie Ihren Hund in Bellpausen ausgiebig. Lassen Sie Ihren redseligen Vierbeiner während seiner „Arie" ins „Platz" gehen: Im Liegen fühlen sich Hunde unsicherer und möchten nicht noch zusätzlich auf sich aufmerksam machen. Auch ein großer Kauknochen kann hilfreich sein. Bellt Ihr Beagle im Garten oder auf dem Balkon, wirkt eine Wasserpistole mit größerer Reichweite Wunder: Der Hund wird überraschend getroffen und verbindet die Strafe nicht mit Ihrer Hand.

Grundkommandos

„Sitz"

Reagiert Ihr Beagle zuverlässig auf seinen Namen, beginnen Sie mit der „Sitz"-Übung. Nehmen Sie hierfür ein Leckerli in die Hand,

Aufgepasst!

Üben Sie mit Ihrem Beagle nur, wenn Sie seine volle Aufmerksamkeit haben. Machen Sie sich für Ihren Hund zunächst also mit einem Leckerli oder seinem Lieblingsspielzeug interessant. Beginnen Sie das Training erst, wenn Ihr Vierbeiner genau auf Sie achtet.

zeigen Sie es Ihrem Hund, damit er aufmerksam wird, aber geben Sie es ihm noch nicht. Führen Sie nun den Futterbrocken langsam an der Nasenspitze des Vierbeiners vorbei nach oben und dann nach hinten, in Richtung Hundestirn. Weil Ihr haariger Schüler dem verlockenden Leckerbissen folgen möchte, muss er sich am Ende Ihrer Handbewegung zwangsläufig hinsetzen. Belohnen Sie ihn jetzt sofort mit der Leckerei, sagen Sie dabei das Kommando „Sitz" und loben Sie ihn ausgiebig. Wiederholen Sie diese Übung mehrmals täglich. Loben und belohnen Sie sofort, wenn er sitzt und geben Sie auch den Befehl „Sitz". Klappt die Lektion schließlich auf Kommando, verwenden Sie zusätzlich zur Sprache ein Sichtzeichen (z. B. erhobener Zeigefinger). Später genügt das visuelle Signal, damit Ihr Beagle absitzt. Das Erlernen von Sichtzeichen kann Ihnen und Ihrem Hund vor allem auf die Entfernung hin sehr nützlich sein. In der Regel lernen Hunde das „Sitz" sehr schnell.

Das Kommando „Platz" erlernt der Hund am besten aus der Sitzstellung.

„Platz"

Das Einüben des „Platz"-Befehls ist häufig schwieriger als das Erlernen des Kommandos „Sitz", weil das Hinlegen auf Befehl vom Hund als Unterordnung empfunden wird. Nicht jeder Vierbeiner möchte sich so einfach ergeben, daher kann es hierbei vor allem mit sehr selbstbewussten Hunden Probleme geben.

Lern-Tipps

Trainieren Sie kein neues Kommando ehe das vorher angefangene nicht sicher klappt! Üben Sie nie mit Ihrem Hund, wenn Sie gestresst und schlecht gelaunt sind oder keine Zeit haben. Ihre negative Stimmung überträgt sich sofort auf Ihren vierbeinigen Schüler; er ist dadurch verunsichert und bekommt unter Umständen eine Lernblockade. An erster Stelle des Trainings muss immer Spaß und gute Laune stehen.

Lassen Sie Ihren Beagle zunächst vor Ihnen absitzen und anschließend an Ihrer Hand schnuppern, in der ein Leckerli versteckt ist. Gehen Sie dann mit Ihrer verlockend duftenden Hand von der Hundenase abwärts zwischen den Vorderbeinen des Hundes bis auf den Boden. Dort angekommen ziehen Sie das Leckerli langsam zu sich her. Da Ihr haariger Schüler dem Futterbrocken mit der Nase folgen möchte, wird er sich aus Bequemlichkeit am Ende von selbst

Wie beim „Sitz"-Kommando führen Sie auch beim „Platz" gleich ein Sichtzeichen mit ein. Vergessen Sie nicht das Loben Ihres Schülers!

Beherrscht Ihr haariger Kamerad das Kommando „Bleib" perfekt, können Sie es ab jetzt in Ihren Alltag einbauen.

Das „Bleib" kommt Ihnen auch bei Fotoaufnahmen zugute.

„Bleib"-Training für Regentage

Den „Bleib"-Befehl können Sie an Regentagen auch gut in der Wohnung üben. Entfernen Sie sich zunächst nur innerhalb des Zimmers vom Hund. Solange Sie noch in Sichtweite sind, verwenden Sie unbedingt zum gesprochenen Kommando das Sichtzeichen, ein Signal, das Ihnen in freier Natur auf große Entfernung hin wertvolle Dienste leistet. Später verlassen Sie den Raum ganz, wobei Ihr Beagle seine Position solange nicht verändern darf bis Sie es ihm erlauben. Erfinden Sie aus dieser Übung heraus Indoor-Spiele wie beispielsweise „Verstecken" (Mensch, Gegenstände, Futter etc.). Sparen Sie selbstverständlich auch bei Spielen nie mit Lob. Stecken Sie Ihren eifrigen Vierbeiner mit guter Laune an, nur so macht Lernen Spaß!

hinlegen, um besser an Ihre Hand zu gelangen. Sagen Sie genau in diesem Moment „Platz", loben Sie den Hund ausgiebig und belohnen Sie ihn mit dem Leckerli. Diese Übung funktioniert auch, wenn Sie sich auf den Boden knien, ein Bein nach vorne ausstrecken und den Hund mit einem Leckerli unter Ihrem gestreckten Bein hindurch locken. Klappt das „Platz", führen Sie ein zusätzliches Sichtzeichen ein. Winkeln Sie dafür beispielsweise Ihren Unterarm im 90°-Winkel an und strecken Sie ihn langsam nach unten aus, Ihre Handfläche bleibt dabei ebenfalls ausgestreckt.

„Bleib"

Das Kommando „Bleib" wird in der Hundeerziehung meist unterschätzt. In vielen Situationen kann es von großer Bedeutung sein, den Vierbeiner in einer bestimmten Position verharren zu lassen, beispielsweise vor dem Supermarkt, im offenen Kofferraum, an einer Straßenkreuzung oder um den Hund von der Verfolgung von Wild oder einer Katze abzuhalten, was bei einem Beagle allerdings nur selten gelingt.

An Regentagen können Sie mithilfe des Kommandos „Bleib" kurzweilige Indoor-Spiele, wie beispielsweise „Spielzeug verstecken", durchführen.

Bitte beachten Sie ...

*Vergessen Sie nicht, Befehle wie „Sitz",
„Platz" oder „Bleib" durch ein entsprechen-
des Freizeitkommando wie beispielsweise
„Lauf" wieder aufzuheben.*

Am einfachsten lernt Ihr Beagle den Befehl
„Bleib" über die Grundkommandos „Sitz" und
„Platz". Lassen Sie ihn zunächst vor Ihnen absitzen oder abliegen. Kombinieren Sie dabei das
„Sitz" oder „Platz" ab jetzt mit dem Wort
„Bleib". Verwenden Sie zusätzlich von Anfang
an folgendes Sichtzeichen: Ihre Handfläche
zeigt am ausgestreckten Arm zu Ihrem Hund.
Dies symbolisiert Ihrem Beagle ein Stopp bzw.
ein Verharren in der momentanen Position. Er-
strecken Sie das „Bleib" anfangs nur über eine
sehr kurze Zeitspanne und steigern Sie diese
erst allmählich. Sparen Sie wie immer nicht mit
Lob. Schimpfen Sie andererseits nicht, wenn
Ihr wedelnder Schüler zunächst nicht in der
gewünschten Stellung bleibt. Hier helfen nur
Geduld und ein ruhiges „Nein" sowie das an-
schließende erneute In-Position-Bringen unter
Verwendung der entsprechenden Befehle (z. B.
„Sitz und Bleib") und des Sichtzeichens.
Vergrößern Sie neben dem Zeitfaktor allmählich auch die Entfernung zum Hund. Erhöhen
Sie den Schwierigkeitsgrad nach und nach,
indem Sie die Übungsorte wechseln und außerdem Ablenkungen für Ihren Beagle schaffen, auf die er natürlich nicht reagieren darf
(z. B. durch Geräusche, Gegenstände, andere
Menschen, andere Hunde). Selbst wenn Sie
außer Sichtweite sind, sollte Ihr vierbeiniger
Gefährte schließlich in der gewünschten Position verharren. Erschweren Sie die Übung
immer erst dann, wenn der vorausgegangene
Schritt wirklich sitzt.
Beherrscht Ihr haariger Kamerad das Kommando „Bleib" perfekt, können Sie es ab jetzt

*Nützen Sie bei einem Welpen den noch vorhandenen
Folgetrieb aus und beginnen Sie bereits mit einem verlockenden Leckerli die „Hier"-Übung.*

in Ihren Alltag integrieren und Ihren vierbeinigen Musterschüler beispielsweise in Erwar-
tung eines leckeren Mitbringsels vor einem
Supermarkt oder während eines Ausflugs vor
einem stillen Örtchen bedenkenlos warten lassen. Auch als ruhig verharrendes Fotomodell
macht Ihr Beagle nun eine gute Figur.

„Hier"

Trainieren Sie das Herkommen zunächst in
einem abgeschlossenen Terrain, in dem sich
für den Hund möglichst wenige Ablenkungen
bieten. Stellen Sie sich in kurzer Distanz vor
den Hund hin und gehen Sie in die Hocke. Ist
Ihr Beagle voll auf Sie konzentriert, rufen Sie
ihn beim Namen und gleich darauf das Kommando „Hier". Locken Sie Ihren Hund zusätzlich mit einem Leckerli oder seinem Lieblingsspielzeug. Kommt der Vierbeiner auf Sie zu,

59

Machen Sie sich interessant

Macht Ihr Hund keine Anstalten, auf Befehl zu Ihnen zurückzukommen, sind Sie sicherlich zu uninteressant für ihn. Versuchen Sie die Aufmerksamkeit Ihres Beagles mit einer spannenden Stimme, dem Zeigen eines Leckerlis, einer lustigen Spielaufforderung oder einem Sprint in die entgegengesetzte Richtung, zu erreichen. Erst dann wird er auf Ihr Kommando reagieren. Kommt Ihr Hund erst nach längerem Warten zu Ihnen zurück, schimpfen Sie ihn auf keinen Fall, denn dann verbindet er die Schelte gerade mit seiner Rückkehr. Er hat längst vergessen, dass er nicht auf den „Hier"-Befehl gehört hat.

loben und belohnen Sie ihn ausgiebig. Vergrößern Sie die Distanz nach und nach. Gehen Sie jedoch wie immer erst zur nächsten Trainingseinheit über, wenn die Vorherige sicher sitzt. Loben Sie den Vierbeiner wieder überschwänglich, wenn er bei Ihnen ankommt. Klappt das „Hier" zuverlässig in abgeschlossenem Terrain, beginnen Sie mit ersten Übungen im freien Feld. Dabei erweist sich eine leichte,

Ein geeignetes Lockmittel stellt auch die tägliche Fütterung dar.

lange Leine als hilfreich. Lassen Sie die Leine neben dem Hund schleifen, auf das Kommando „Hier" ziehen Sie Ihren Beagle ganz sanft zu sich her. Schnell lernt Ihr haariger Gefährte, Ihren verlängerten Arm zu respektieren und zuverlässig auf Befehl zu kommen, auch wenn Ablenkungen in der Nähe sind.

Die tägliche Fütterung eignet sich ebenfalls als Lockmittel. Wartet der Hund beispielsweise hungrig auf sein Futter, bringen Sie ihn in ein anderes Zimmer und lassen ihn dort von einer Hilfsperson festhalten. Gehen Sie dann zurück zum Napf und rufen „Hier" oder benutzen Sie die Hundepfeife. Der Vierbeiner wird losgelassen und rennt sofort zu Ihnen, beziehungsweise seinem heiß ersehnten Fressen. Mit dieser Methode verknüpft Ihr Beagle den gerufenen „Hier"-Befehl, der dem Pfiff auf der Hundepfeife entspricht immer mit etwas Angenehmem. Kommt Ihr Hund mehr oder weniger zufällig zu Ihnen, sagen Sie erneut sofort das Kommando „Hier" und loben und belohnen Sie ihn überschwänglich. Auch dieses Zufallsprinzip ist Erfolg versprechend.

Lob und Strafe

Lob ist in der Hundeerziehung der Schlüssel zum Erfolg. Belohnen Sie jeden Schritt in die richtige Richtung eines erwünschten Verhaltens sofort, auch wenn Ihr Hund zufällig handelt. Nur so motivieren Sie Ihren Vierbeiner, aus Spaß an der Freude mit Ihnen weiterzuarbeiten. Richten Sie die Art der Belohnung individuell nach den Vorlieben Ihres Beagles: Manche Hunde freuen sich schon sehr über ein gesprochenes Lob und Streicheleinheiten, andere bevorzugen Leckerlis. Einige Vertreter sind glücklich, wenn sie ihr Lieblingsspielzeug bekommen, wieder andere empfinden ein lustiges Spiel als tolle Belohnung.

Setzen Sie Strafen dagegen nicht in Form von körperlicher Gewalt ein: Eine körperliche

Züchtigung kann, abgesehen von einem raschen Vertrauensbruch, sogar als positive Verstärkung wirken, schließlich bekommt der Vierbeiner damit Aufmerksamkeit bzw. Zuwendung, auch wenn diese negativer Art ist. Sie bestärkt ihn wiederum in seinem Fehlverhalten und veranlasst ihn dazu, weiterzumachen. Deutlich wirkungsvoller als Gewalt ist der Entzug von Zuwendung, wenn es die Situation zulässt. Ignorieren Sie unerwünschtes Verhalten also einfach. Bellt Ihr Hund beispielsweise übermäßig, beachten Sie es nicht; belohnen Sie andererseits aber jede Bellpause. So lernt Ihr vierbeiniger Freund, dass sich Nicht-Bellen mehr auszahlt als Kläffen.

Eine weitere wirksame Vorgehensweise gegen unerwünschtes ist, Ihren renitenten Husky in eine bestimmte langweilige Zimmerecke zu schicken, in der es weder Zuwendung, Futter, eine Schlafdecke und Spielsachen, noch ein interessantes Fenster zum Hinausschauen und Beobachten gibt. Stellt Ihr Beagle etwas Verbotenes an, bringen Sie ihn sofort (innerhalb von zwei Sekunden) nach einem (!) kurzen Befehl („Nein", „Aus", „Pfui" etc.) auf den vorher beschriebenen faden Platz. Hier bleibt Ihr Vierbeiner für die nächsten zwei bis fünf Minuten. Anschließend holen Sie ihn wieder, jedoch ohne ihn zu begrüßen oder ein Wort zu sagen. Die Sache ist nun erledigt und Sie gehen wieder zur Tagesordnung über. Beginnt

Der Entzug von Zuwendung ist viel wirkungsvoller als Gewalt. Unerwünschtes Verhalten sollte von Ihnen ignoriert werden.

Ihr Hund erneut mit Unfug, ermahnen Sie ihn einmal (!) mit demselben Befehl von vorhin („Nein", „Aus", „Pfui" etc.). Reicht dies noch nicht aus, um ihn von seinem Vorhaben abzubringen, muss er wieder in seine „Schämecke". Schon bald merkt Ihr Beagle, dass sein Schabernack langfristig keinen Spaß macht. Bestimmte Angewohnheiten können Sie Ihrem Hund auch abgewöhnen, indem Sie ihm seine Macken einfach verleiden oder seine Aufmerksamkeit auf etwas Erlaubtes umlenken (siehe Kapitel „Abgewöhnen von Jugendsünden").

Fazit Sparen Sie in der Hundeerziehung also nicht mit Lob und Belohnung. Strafen Sie dagegen nur wohldosiert und gut überlegt, denn das Vertrauen eines Vierbeiners ist durch unüberlegtes Handeln schneller zerstört, als es sich später wieder aufbauen lässt.

Bitte beachten Sie Schwerwiegende Verhaltensauffälligkeiten wie Schnappen oder Beißen dürfen selbstverständlich nicht ignoriert werden. Wenden Sie sich in einem solchen Fall unbedingt an einen kompetenten Hundetrainer.

Beidseitiges Vertrauen ist wertvoll. Zerstören Sie dies nicht durch unüberlegtes Strafen.

*In keinem Ver-
wöhnprogramm
darf eine wohltuen-
de Massage fehlen.*

*„Was Hänschen nicht lernt, lernt Hans nimmer-
mehr." Gewöhnen Sie also schon Ihren Kleinen an
die wichtigsten Handgriffe.*

Welche Pflegemaßnahmen sind nötig und wie gewöhnt man den Beagle daran?

Bestimmte Pflegemaßnahmen sind bei Hunden unerlässlich. Daher gewöhnen Sie am besten schon Ihren Welpen an die wichtigsten Handgriffe. Gehen Sie grundsätzlich bei allen Pflegemaßnahmen sanft und behutsam vor. Macht das Hundekind hier schlechte Erfahrungen oder dauert es ihm zu lang, wird es Körperpflege zukünftig als unangenehm empfinden und ihr lieber aus dem Weg gehen wollen. Pfotenabputzen und Stillhalten beim Bürsten müssen erst einmal gelernt werden. Führen Sie Ihren Welpen auch möglichst frühzeitig an die Augen-, Ohr-, Zahn- und Krallenkontrolle heran. Bleibt Ihr Hundekind bei der Pflege ruhig und gelassen, belohnen und loben Sie es ausgiebig. Wehrt sich dagegen Ihr junger Vierbeiner oder wird er albern, bringen Sie ihn mit einem bestimmten „Nein" zur Ruhe. Hält er wieder still, loben und belohnen Sie ihn sofort.

Fellpflege

Wölfe haben ihre ganz eigene Art der Fellpflege: Sie nehmen Sand- und Schlammbäder, die gleichzeitig wie eine Massage wirken und die Talgdrüsen der Haut anregen. Die Haare werden durch Lecken gereinigt, wobei der Speichel dabei Keime abtötet. Unsere Hunde verhalten sich ganz ähnlich, allerdings entspricht diese Art der Fellpflege nicht unserem hygienischen Verständnis, sodass wir hier gerne nachhelfen. An das Bürsten gewöhnt sich der Beagle in der Regel schnell, denn bald merkt er, dass Fellpflege auch eine sehr angenehme Massage sein kann, die hervorragend die Durchblutung der Haut anregt. Bürsten Sie immer mit dem Strich, also in Haarwuchsrichtung von vorne nach hinten und untersuchen Sie Ihren bellenden Freund nebenbei gleich auf einen eventuellen Parasitenbefall oder Hautverletzungen. In der Regel reicht es aus, einen Beagle einmal wöchentlich mit einem Naturhaarstriegel oder einem Noppenhandschuh zu bürsten.

Unterstützen Sie den halbjährlichen Haarwechsel von innen mit einer über das Futter gestreuten Kräutermischung aus Löwenzahn, Birkenblättern, Brennnesseln und Ackerschachtelhalm. Spitzwegerich, Kerbel und Petersilie helfen

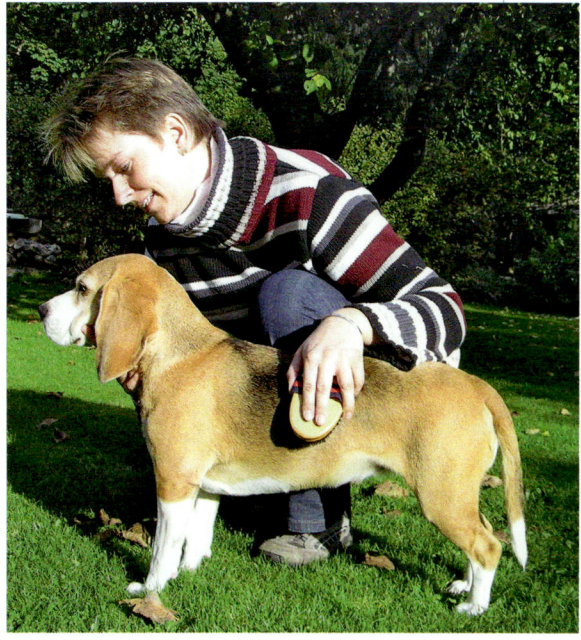

Einen Beagle einmal in der Woche mit einem Naturhaarstriegel oder einem Noppenhandschuh zu bürsten, reicht in der Regel aus.

aufgrund ihres hohen Vitamingehalts, das Immunsystem anzuregen. Entsprechende Fertigpräparate gibt es inzwischen im Fachhandel zu kaufen.

Weil zu häufiges Baden die Schmutz abweisende und wetterfeste Schutzschicht des Felles zerstört, sollten Sie Ihren Welpen nur im Notfall in die Wanne setzen. Anschließendes Föhnen ist zu vermeiden, denn das ungewohnte Geräusch, die Lautstärke und das warme Gebläse machen einem Hund leicht Angst. Rubbeln Sie den Kleinen nach dem Abspülen eines milden Hundeshampoos lieber gut mit einem Handtuch trocken und lassen Sie ihn an kalten Tagen wegen der Erkältungsgefahr nicht sofort ins Freie, sondern stellen Sie seinen Korb in die Nähe der wärmenden Heizung. In der Regel reicht das Ausbürsten oder Abrubbeln von Schmutz.

Der Beagle hat ein sehr praktisches Kurzhaar, das sich normalerweise auch von selbst reinigt.

63

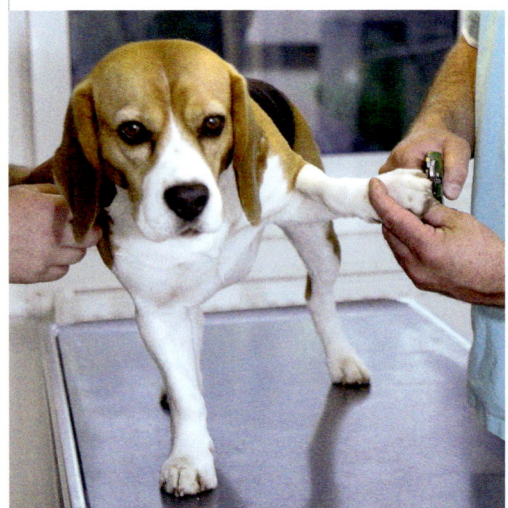

Lassen Sie sich die richtige Technik des Krallenschneidens zunächst einmal von Ihrem Tierarzt zeigen.

Pfoten

Nützen sich die Krallen Ihres Beagles nicht auf natürliche Weise ab, müssen sie von Zeit zu Zeit geschnitten werden, damit sie nicht abbrechen. Führen Sie Ihren Welpen hier ganz langsam und in kleinen Schritten heran: Nehmen Sie zunächst immer wieder abwechselnd eine seiner Pfoten auf und halten Sie diese kurz in der Hand. Fasst der Hund Ihr Vorgehen als lustiges Spiel auf oder will er seine Pfote wegziehen, korrigieren Sie ihn mit einem energischen „Nein". Bleibt er ruhig, loben Sie ihn ausgiebig. Zum Krallenschneiden verwenden Sie eine spezielle Zange aus dem Fachhandel. Achten Sie darauf, dass Sie keine Blutgefäße verletzen. Am besten lassen Sie sich die richtige Technik erst einmal von Ihrem Tierarzt zeigen.

Das Pfotenabputzen üben Sie ebenfalls durch das abwechselnde Aufnehmen der Pfoten. Möchte Ihr Junghund während des Abputzens in das Handtuch beißen, reagieren Sie erneut mit einem „Nein". Verhält

er sich dagegen brav, winkt am Ende wieder eine Belohnung. Im Winter empfiehlt sich zusätzlich eine regelmäßige Ballenkontrolle, denn durch das viele Streusalz wird die Pfotenunterseite leicht trocken oder rissig. Abhilfe schaffen Einreibungen mit Hirschtalg, Melkfett oder Vaseline.

Augen, Ohren, Zähne

Besonderer Behutsamkeit bedarf das Heranführen an die Augenpflege. Streichen Sie Ihrem Welpen schon im Spiel oder während des Streichelns immer wieder kurz über die Augen. Sekret oder Verkrustungen in den Augenwinkeln entfernen Sie später mit einem weichen, feuchten, sauberen Tuch. Im Zoofachhandel bekommen Sie hierfür spezielle Pflegetücher.

Auch die Ohren sollten Sie öfters kontrollieren. Als Vorübung zur Ohrenpflege heben Sie die Behänge immer wieder mal an und sehen in

Die regelmäßige Kontrolle der langen Schlappohren auf eventuell vorhandene Krusten oder Fremdkörper Ihres Beagels ist wichtig.

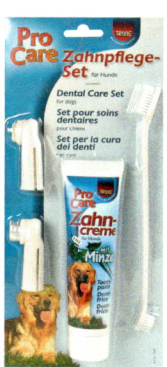

die Ohrmuschel hinein. Achten Sie darauf, dass sich weder Krusten oder Fremdkörper im Ohr befinden noch Haare in den Gehörgang wachsen. Eventuell vorgefundene, unangenehme Parasiten müssen schnell behandelt werden. Halten Sie das Hundeohr sauber, damit es nicht zu schmerzhaften Entzündungen durch Bakterien oder Pilze kommt. Verwenden

Auch an die regelmäßige Zahnkontrolle muss der Hund von klein auf gewöhnt werden.

Sie für die Säuberung des Gehörgangs jedoch keine Wattestäbchen, sondern nur spezielle Flüssigreiniger vom Tierarzt.

Eine regelmäßige Zahnkontrolle führen Sie am besten von klein auf bei Ihrem Beagle durch. Während des Zahnwechsels braucht der junge Vierbeiner genügend Kaumaterial (siehe Kasten). Harte Leckereien zwischendurch entfernen schädliche Beläge. Zur dauerhaften Gesunderhaltung von Zähnen und Zahnfleisch empfiehlt sich regelmäßiges Zähneputzen. Hierfür gibt es im Zoofachhandel oder bei Ihrem Tierarzt Hundezahnbürsten und -pasten. Aber

Zahnwechsel bei Welpen

Der Zahnwechsel beginnt etwa im vierten Lebensmonat. Geben Sie Ihrem Vierbeiner in dieser Zeit genügend Kaumaterial wie Büffelhautknochen und Spielzeug aus Hartgummi oder Hartholz. Gegen eventuell auftretende Schmerzen helfen, wie bei Babys, das zuckerfreie Dentinox-Gel aus Kamillenblüten oder das homöopathische Kombi-Präparat Osanit. Fällt ein Milchzahn auch nach längerer Zeit nicht von selbst aus, obwohl schon der neue Zahn sichtbar ist, lassen Sie den alten vom Tierarzt ziehen, um Gebissfehlstellungen zu vermeiden.

auch Zahn pflegende Kaustripes haben sich bewährt. Allerdings sind diese in Hundekreisen wohl Geschmacksache und nicht bei jedem Vierbeiner beliebt.

Schmuddel-wetter-Tipps

An Schlechtwettertagen ist ein Handtuch unverzichtbar. Am besten legen Sie schon im Auto ein Tuch griffbereit, um Ihren Beagle bereits vor dem Einsteigen gründlich abrubbeln zu können. Im Fahrzeug selbst hat es sich bewährt, den Hundeplatz mit einer waschbaren Decke oder einer Gummischmutzfangmatte auszustatten: Beide Teile sind leicht separat zu reinigen, ohne dass Sie gleich das ganze Auto unter Wasser setzen müssen. Ebenfalls möglich ist die Unterbringung des nassen Hundes in einer mit saugfähigen Tüchern ausgelegten Transportbox, denn auch

Um einen Parasitenbefall zu vermeiden, ist ein sauberer Schlafplatz wichtig.

Säubern Sie Ihren Hund nach dem Gassigehen noch vor der Haustüre.

Weitere Pflege-Tipps

Auch regelmäßige Impfungen gegen Staupe, Hepatitis, Leptospirose, Parvovirose und Tollwut sowie Entwurmungen gehören zu den obligatorischen Pflegemaßnahmen bei einem Hund. Um einen Parasitenbefall zu vermeiden, ist außerdem ein sauberer Schlafplatz wichtig: Verwenden Sie nur Decken, Kissen oder Polster, die maschinenwaschbar sind. Untersuchen Sie Ihren Beagle zudem von Frühjahr bis Herbst täglich auf Zecken, denn diese könnten Ihren Hund mit Borreliose infizieren. Spezielle Präparate schützen vor starkem Zeckenbefall. Lassen Sie sich bei der Wahl des richtigen Mittels von Ihrem Tierarzt beraten.

diese ist einfach zu säubern und begrenzt den Schmutzeintrag auf eine kleine Fläche.

Legen Sie ein weiteres Handtuch vor die Haustür, mit dem Sie Ihren Beagle bereits vor der Wohnung gründlich abrubbeln können. So bleibt der größte Dreck auf jeden Fall draußen.

Kann Ihr haariger Kamerad jederzeit zwischen Haus und Garten frei pendeln, empfiehlt sich ein feuchtes oder gut saugendes Tuch auf dem Boden des Verbindungsbereiches. Läuft Ihr Hund nun in die Wohnung, tritt er sich schon ganz automatisch die Pfoten auf seinem „Eingangsteppich" ab.

Gerade in der Schmuddelwetterzeit ist es sehr vorteilhaft, wenn Ihr Vierbeiner auf Kommando seinen Platz aufsucht und dort so lange bleibt, bis Sie den Befehl wieder aufheben. Ist

Die wichtigsten Pflegeutensilien

- ✓ Je nach Haarart Ihres Hundes Striegel oder Noppenhandschuh
- ✓ Flüssiger Ohrreiniger vom Tierarzt
- ✓ Reinigungstücher für die Augen
- ✓ Hundezahnbürste und -pasta bzw. Kaustripes zur Zahnpflege

- ✓ Krallenschere
- ✓ Vaseline, Hirschtalg oder Melkfett zur Ballenpflege
- ✓ Zeckenzange

Ihr haariger Begleiter also noch nicht ganz trocken, können Sie ihn sofort nach der Rückkehr vom Spaziergang in sein Körbchen schicken, ehe er überhaupt die Gelegenheit hatte, den Dreck im ganzen Haus zu verteilen. Für einen noch feuchten Vierbeiner ist ein Hundeplatz

Leider scheint beim Gassigehen nicht immer die Sonne. Bestens ausgerüstet sind Sie mit einem Schlechtwetter-Dress, inklusive festem Schuhwerk.

an der wärmenden Heizung angebracht. Beachten Sie außerdem unbedingt: Zugluft ist Gift für einen nassen Hund.

Mit etwas Geduld und Geschick des Hundeführers lernen besonders eifrige Vierbeiner auch, sich bereits vor dem Haus auf Befehl zu schütteln oder auf dem Fußabstreifer die Pfoten abzuputzen.

Gewöhnen Sie Ihrem Vierbeiner außerdem von vornherein ab, Sie oder andere Menschen anzuspringen. Besucher mit hellen Hosen werden von einer stürmischen Begrüßung Ihres nassen Beagles nicht wirklich begeistert sein.

Für Sie als begleitender Zweibeiner ist ein extra Schlechtwetter-Dress ratsam, das heißt:

Schicken Sie Ihren Beagle ohne Umwege ins Körbchen, wenn er nach der Rückkehr vom Spaziergang noch nicht ganz trocken ist. Dann hat er keine Gelegenheit, den Schmutz in der Wohnung zu verteilen.

Doggy-Wellness: Rückenmassage auf dem Rasen.

Tragen Sie lieber ältere, zweckdienliche Kleidung und nicht gerade die tollsten Neuerwerbungen. Auch eine Regenhose ist praktisch – sie schützt Ihre Jeans vor Nässe und Schmutz. Gummistiefel dürfen in keinem Hundehaushalt fehlen, so bleiben gute Halbschuhe an Schlechtwettertagen trocken.

Wellness für den Beagle

Wellness macht nicht nur uns Menschen Spaß. Mit entsprechenden Maßnahmen können Sie auch Ihrem Beagle etwas Gutes tun. Sichtlich wird er es genießen, sich einmal so richtig von Ihnen verwöhnen zu lassen.

Bachblüten und Homöopathie

Bestimmte Bachblüten und homöopathische Mittel verhelfen Ihrem Hund zu neuen Kräften. So wirken beispielsweise die Blüten Centaury, Chicory, Clematis und Crap Apple entschlackend und reinigend. Crap Apple hat außerdem eine ausgleichende Wirkung auf den Stoffwechsel und das Immunsystem. Centaury erfrischt und vitalisiert. Olive stellt das innere Gleichgewicht bei Erschöpfung wieder her, Agrimony stärkt und schützt vor Überbelastung. Die Abwehrkräfte Ihres Beagles werden mit Echinacea-Globuli gestärkt. China und Ignatia haben sich bei Er-

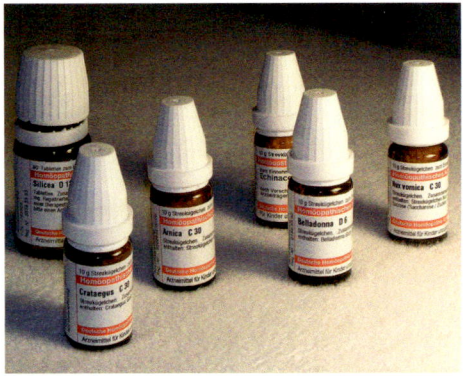

Homöopathische Heilmittel finden auch im Wellnessbereich Anwendung.

So ein Rundum-Wohlfühlprogramm macht ein wenig schläfrig. Ein kleines Päuschen tut da gut.

schöpfungszuständen und Stress bewährt. Gegen Muskelkater und Überanstrengung eignen sich Arnika und Traumeel. Bei Verspannungen kann Magnesium phosphoricum helfen.

Inzwischen gibt es schon fertige Bachblütenmischungen oder homöopathische Präparate im Zoofachhandel zu kaufen. Möchten Sie jedoch tiefer in die Materie einsteigen, lassen Sie sich von einem erfahrenen Therapeuten beraten.

Mit Massage, Akupressur und TTouch® entspannen

In keinem Verwöhnprogramm darf eine wohltuende Massage fehlen. Sie erfolgt am besten in Bauch- oder Seitenlage des Hundes. Dabei können Sie in einfachen, geraden Linien streicheln oder in Wellen. Auch ein Kreisen Ihrer Handflächen wirkt entspannend. Variieren Sie zusätzlich den Druck. Massieren Sie jedoch nicht zu kräftig, Ihr Hund soll sich schließlich wohlfühlen und keine Schmerzen haben. Bearbeiten Sie besonders belastete Partien wie die Beinmuskulatur extra sanft mit den Fingerkuppen. Lockernd wirkt leichtes Kneten und Rollen von Haut und Muskeln. Streichen Sie am Ende einer Massage immer den ganzen Körper des Hundes noch einmal sanft aus. Eine Massage sollte nicht länger als 15–20 Minuten dauern. Gewöhnen Sie Ihren Beagle erst langsam an diese Zeitspanne. Massieren Sie nie, wenn Ihr Vierbeiner eine Infektion hat oder gerade gefressen hat.

Die Akupressur ist eine Abwandlung der Akupunktur. Hier wird ohne Nadeln, nur mit der Berührung und dem Druck der Finger gearbeitet. Dies hat neben dem körperlichen Aspekt auch eine sehr positive, entspannende Wirkung auf die Psyche des Hundes.

Die TTouch®-Methode hingegen besteht aus unterschiedlichen Bewegungen und Handpositionen, die im Uhrzeigersinn auf der Haut

Wellness vom Profi

Inzwischen bieten viele Hundephysiotherapeuten auch Wohlfühlbehandlungen für Hunde an. Dabei werden häufig verschiedene Techniken miteinander kombiniert. So erhält die Massage Ihres Vierbeiners gleichzeitig eine Untermalung mit angenehmen Düften und entspannender Musik. Beruhigendes Licht darf dabei selbstverständlich ebenfalls nicht fehlen. Neben der herkömmlichen Massage gehören häufig auch Fuß- oder Ohrreflexzonenmassagen zum Behandlungsspektrum. Einige Therapeuten verfügen sogar über eigene Hundeschwimmbäder. Manche Praxen bieten Kurse in Massage, Akupressur und TTouch® für den Eigengebrauch an. Außerdem finden Sie im Fachhandel interessante Bücher zum Thema. Wer die Kosten nicht scheut, kann sich auch zusammen mit seinem Hund in speziellen Wellness-Hotels verwöhnen lassen.

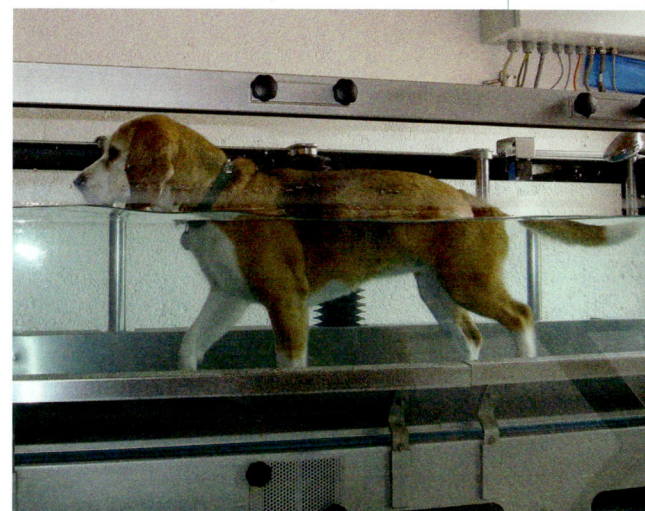

Hundephysiotherapeuten nutzen bei Unterwasserlaufbändern neben der heilenden Wirkung des Wassers auch dessen entspannende Wärme.

des Hundes in verschiedenen Druckstärken ausgeführt werden. Vor allem bei seelischen Störungen sowie zur allgemeinen Beruhigung, zum Stressabbau und Wiederherstellung des Vertrauens hat sich der TTouch® bewährt. Auch zur Schmerzlinderung wird diese Methode erfolgreich eingesetzt. Etliche Hundeschulen bieten inzwischen TTouch®-Seminare an.

Aroma-, Farb- und Musiktherapie für neues Wohlbefinden

Die Aromatherapie fördert die seelische Ausgeglichenheit, aktiviert den Kreislauf und stärkt die Abwehrkräfte. Sie erfrischt und verhilft zu neuer Energie. Die ätherischen Öle werden dabei entweder in einer Duftlampe, einem Kräutersäckchen, einem speziellen Hundehalstuch oder direkt auf dem Liegeplatz Ihres Hundes angewendet, allerdings wohldosiert und nur, wenn es Ihrem Vierbeiner auch wirklich behagt. Eine Duftlampe sollte mindestens eine Stunde brennen. Da ein Hund sehr empfindliche Schleimhäute hat, dürfen Sie die Öle nie direkt auf ihn träufeln. Stärkend, aufbauend und reinigend für den gesamten Organismus wirken Lavendel, Orange, Zitrone, Geranium, Grapefruit und Muskatellersalbei. Mandarine und Melisse beruhigen

Mit der Aromatherapie können Sie die seelische Ausgeglichenheit fördern und die Abwehrkräfte stärken.

und entspannen. Mimose baut zusätzlich seelisch auf. Zimt und Vanille wird eine ausgleichende, beruhigende und entspannende Wirkung nachgesagt. Neroli-Öl harmonisiert.

Hunde wie auch Menschen sprechen sehr gut auf farbiges Licht an. Rot hat sich besonders bei Erschöpfungszuständen und Appetitlosigkeit bewährt. Orange kommt hingegen bei Immunschwäche zum Einsatz. Gelb hilft bei schwachen Nerven und Schockzuständen. Grün wirkt ausgleichend und Blau beruhigend. Violett wird bei Nervosität, Ängstlichkeit, Hysterie und zur Verarbeitung von Traumata eingesetzt.

Auch Musik entspannt Ihren Beagle. Untersuchungen haben ergeben, dass gerade langsame Barockmusik eine sehr beruhigende Wirkung auf Vierbeiner hat. Genauso gut geeignet ist Herrchens oder Frauchens Meditations-CD. Wer musikalisch jedoch auf Nummer Sicher gehen will, kann inzwischen im Fachhandel spezielle Musik für Hunde erwerben.

Barock- und Meditationsmusik hat nachgewiesenermaßen eine sehr beruhigende Wirkung auf Hunde.

Der Speiseplan Ihres Hundes trägt maßgeblich für ein glänzendes Fell und eine gesunde Haut bei. Bekanntlich kommt Schönheit ja von innnen.

Verträgt Ihr Beagle das handelsübliche Futter nicht, müssen Sie für Ihren Vierbeiner kochen.

Das Wohlfühlprogramm Ihres Beagles schließt eine ausgewogene Ernährung mit ein, die selbstverständlich auch maßgeblich an der Gesunderhaltung des Vierbeiners beteiligt ist. Füttern Sie nur hochwertiges Futter, das dem Alter, Gesundheitszustand und der Auslas-

Stellen Sie Ihrem Beagle nicht permanent Futter zur Verfügung, sondern führen feste Fresszeiten ein.

tung Ihres vierbeinigen Freundes angepasst ist. So benötigen arbeitende Gebrauchshunde beispielsweise energiereicheres Futter als normal beanspruchte Familienhunde. Auch Welpen brauchen eine andere Ernährung als erwachsene Hunde, schließlich sind sie noch in der Entwicklung. Der Fachhandel hält inzwischen für alle Altersklassen und Bedürfnisse spezielles Hundefutter parat. Mit einem qualitativ hochwertigen Fertigfutter gehen Sie also in jedem Fall auf Nummer sicher: Ihr Beagle wird optimal mit allen wichtigen Nährstoffen versorgt. Trotzdem vertragen manche Hunde das handelsübliche Futter nicht. In diesem Fall müssen Sie selbst zum Kochlöffel greifen. Dies ist nicht ganz einfach, denn die richtige Zusammensetzung einer ausgewogenen Ernäh-

Ein gesunder Beagle scheint nie satt zu werden ...

rung ist fast schon eine Wissenschaft für sich.

Auch das „Barfen" (= biologisch, artgerechte Rohfütterung) ist möglich. Aber hier ist eine umfassende Information vorab durch einen Tierarzt oder entsprechende Fachliteratur sehr wichtig.

Im Folgenden finden Sie jedoch einige Tipps für eine abwechslungsreiche und gesunde Hundemahlzeit. Fleisch und Ballaststoffe in Form von Reis oder Hundeflocken bilden die Basis einer ausgewogenen Hundeernährung. Achten Sie zusätzlich auf eine ausreichende Vitamin- und Mineralstoffversorgung. Diese geschieht am Besten in Form von natürlichen Zusätzen wie frischem, unbehandelten Obst, Gemüse, Kräutern, Hüttenkäse oder Naturjoghurt. Bei Obst eignen sich Äpfel sehr gut. Sie sind reich an Vitaminen und Mineralien und wirken durch die enthaltenen Pektine entgiftend. Gemüse ist nicht nur gesund, es fördert mit seinen Ballaststoffen auch die Verdauung. Außerdem beeinflusst es positiv den Säure-Base-Haushalt des Hundes. Ideal sind Möhren; sie enthalten viel Karotin, die Vorstufe von Vitamin A, außerdem Mineralstoffe und Spurenelemente. Geben Sie zusätzlich immer etwas Öl; dies hilft bei der Verwertung des fettlöslichen Vitamin A. Gekochter Broccoli ist ebenfalls sehr gesund; er wirkt krebsvorbeugend und entgiftend. Spinat, Erbsen, grüne Bohnen und Tomaten runden einen ausgewogenen Speiseplan ab. Kräuter wie Brennnesseln, Basilikum, Petersilie, Löwenzahn und Dill sind nicht nur reich an wichtigen Vitami-

Auf täglich frisches Wasser und saubere Hundenäpfe sollten Sie achten.

nen, Mineralien und Spurenelementen, sie haben auch eine heilende Wirkung bei verschiedenen Krankheiten (Beispiele siehe in Kapitel „Gesundheit", „Vorsorge"). In Zeiten extremer Anforderung oder erhöhter Krankheitsanfälligkeit ist eventuell ein zusätzliches Vitaminpräparat nötig. Halten Sie sich hier allerdings genau an die vom Tierarzt oder in der Packungsbeilage angegebene Dosierung, denn selbst Vitamine können überdosiert Ihrem Vierbeiner schaden.

Schönheit kommt von innen

Da Schönheit bekanntlich von innen kommt, ist der Speiseplan Ihres Hundes auch für ein glänzendes Fell und eine gesunde Haut verantwortlich. Eine große Rolle spielen dabei die Vitamine A und E sowie Zink, außerdem essentielle Fettsäuren wie Omega-3 und Omega-6. Um einem Mangel vorzubeugen, der sich in stumpfem Fell, Schuppen, Haarausfall, Juckreiz, fettiger Haut und Infektanfälligkeit äußert, geben Sie ab und zu einen Löffel Maiskeim-, Sonnenblumen-, Distel- oder Pflanzenöl über das Futter. Hochwertiges Ei-

Wussten Sie schon, dass ...

... Hundekuchen zum ersten Mal um 1860 von J. Spratt als Spezialnahrungsmittel für Hunde in England angeboten wurde? Sein Gehilfe war Charles Cruft, nach dem 1886 die jährlich stattfindende größte Hundeausstellung der Welt benannt wurde.

Warnung vor Schokolade

Schokolade enthält Theobromin, das für Hund und Katze lebensgefährlich sein kann. Ein paar Riegel dunkle Schokolade können einen kleineren Hund töten.

Regelmäßige Rippenkontrolle

Überprüfen Sie regelmäßig, ob Ihr Hund nicht zu dick wird. Steht Ihr Beagle vor Ihnen, müssen seine Rippen rechts und links deutlich zu spüren sein.

weiß ist ebenfalls unverzichtbar, allerdings reagieren manche Hunde allergisch auf rohes Eiweiß. Auch Hefe und Biotin verhelfen zu einer gesunden Haut und glänzendem Fell. Ab und zu ein rohes, frisches Eigelb ist ebenfalls gut für Haut und Haare, denn es enthält viele Spurenelemente und Vitamine. Die zerriebene Eierschale versorgt Ihren Vierbeiner dagegen mit natürlichem Calcium.

Hat Ihr Beagle etwa über die kältere Jahreszeit ein wenig an Gewicht zugelegt, bauen Sie dessen überschüssige Pfunde lieber mit einem ausgewogenen, aber kalorienarmen Diätfutter als mit einer Kürzung der normalen Futtermenge ab. Auch eine Streckung des herkömmlichen Futters mit Puffreis (im Zoofachgeschäft erhältlich), kann bei einer Diät hilfreich sein.
Achten Sie stets auf saubere Hundenäpfe und täglich frisches Wasser.

Selbst gebackene Hundeleckerli

Fischstäbchen

Sie brauchen dafür folgende Zutaten:

1 Dose Thunfisch (im eigenen Saft)
6 EL Haferflocken
2 Eier
2 EL Semmelbrösel
2 EL gehackte Petersilie

Gießen Sie den Saft des Thunfisches ab. Vermischen Sie dann alle Zutaten zu einem homogenen Teig. Formen Sie nun kleine „Stäbchen" und legen Sie diese auf ein mit Backpapier ausgelegtes Backblech. Die

Fischstäbchen werden im vorgeheizten Backofen bei 175 ºC (mittlere Schiene) ca. 30 Minuten gebacken. Anschließend im Ofen abkühlen lassen. Die Fischstäbchen halten, in einer Frischhaltedose im Kühlschrank aufbewahrt, ca. 2–3 Wochen.
Geben Sie Ihrem Beagle täglich nicht mehr als ein bis zwei dieser Leckerlis, denn sie sind sehr gehaltvoll.

EXTRA
Elf goldene Futterregeln

 Die Menge macht's

Ein Beagle weiß nicht von selbst, wie viel Futter er braucht. Bieten Sie Ihrem Vierbeiner daher auf keinen Fall unbegrenzt Futter an. Bei Fertignahrung finden Sie grobe Richtwerte zu den Mengenangaben auf der Futterpackung. Überprüfen Sie aber immer auch an Ihrem Hund, ob diese Menge angemessen ist, denn häufig wird zu viel Futter angegeben. Kochen Sie selbst, fragen Sie Ihren Tierarzt

nach der angemessenen Portionsgröße für Ihren Hund. Heikle Tiere, die unter Beagles jedoch absoluten Seltenheitswert haben, werden zum besseren Fressen animiert, wenn ihnen das Futter nur eine begrenzte Zeit (ca. 10–15 min) zur Verfügung steht.

 Feste Zeiten einhalten

Feste Fütterungszeiten sind wichtig, um den Stoffwechsel des Hundes nicht unnötig durcheinanderzubringen. Füttern Sie daher also nicht wahllos, wenn Sie gerade Zeit haben. Ein ausgewachsener Hund sollte ein- besser noch zweimal täglich seine Mahlzeit bekommen.

 Vorsicht mit Kaltem

Gerade im Sommer ist es wichtig, frisches Hundefutter im Kühlschrank aufzubewahren, damit es nicht verdirbt. Verfüttern Sie es allerdings nur zimmerwarm. Zu kaltes Futter kann Verdauungsprobleme hervorrufen. Außerdem entfaltet Frisch- und Nassfutter seinen vollen Geschmack erst bei Zimmertemperatur. Muss es doch einmal schnell gehen, erwärmen Sie das Fressen kurz im Kochtopf, Wasserbad oder in der Mikrowelle.

 Abwechslung ist Trumpf

Auch Hunde sind Feinschmecker und lieben Abwechslung. Die große Auswahl an Fertigfutter macht es Ihnen hier leicht. Bereichern Sie den Speiseplan zusätzlich hin und wieder mit Äpfeln, Karotten, Quark, Hüttenkäse, Nudeln, Reis oder Kräutern. Beachten Sie bei der Fütterung auch das Alter, den Gesundheitszustand und die Auslastung Ihres Vierbeiners. Inzwischen gibt es für alle Ansprüche speziell zusammengesetzte Nahrung.

 Langsame Futterumstellung

Führen Sie Futterumstellungen nur langsam und schrittweise durch, damit sich der Verdauungstrakt Ihres Hundes an die neue Nahrung gewöhnen kann.

 Es muss nicht immer Fleisch sein

Wölfe nehmen mit dem Darminhalt ihrer Beutetiere immer auch wichtige pflanzliche Nah-

Finger weg von Milch

Natürlich ist Milch auch bei Hunden beliebt. Viele Tiere bekommen davon jedoch Verdauungsstörungen. Daher gilt: Keine Milch, sondern täglich frisches Wasser als Getränk anbieten.

Kein rohes Schweinefleisch

Füttern Sie kein rohes Schweinefleisch, denn dadurch kann sich Ihr Hund mit der lebensbedrohlichen Aujeszkyschen Krankheit infizieren. Die Symptome sind ähnlich wie bei der Tollwut, daher wird die Krankheit auch „Pseudowut" genannt. Schweinefleisch darf nur gut durchgekocht verfüttert werden. Rohes Rindfleisch ist dagegen unbedenklich.

Nach dem Essen sollst du ruhen

Füttern Sie Ihren Beagle immer erst nach einem Spaziergang. Rennen und Toben mit vollem Magen ist tabu: schnell kommt es zu Verdauungsstörungen bis hin zur lebensgefährlichen Magendrehung.

rung auf. Daher ist es falsch, anzunehmen Hunde seien reine Fleischfresser. Für eine ausgewogene Ernährung benötigen sie einen gewissen Anteil an pflanzlicher Nahrung. In Fertigfutter wurde dies bereits bei der Zusammensetzung berücksichtigt. Kochen Sie selbst, mischen Sie das Fleisch am besten mit Nudeln, Reis, Gemüse oder speziellen Hundeflocken.

Betteln ist tabu

Fallen Sie nicht auf den treuen Blick Ihres Vierbeiners rein, Sie tun ihm damit nichts Gutes. Erstens erziehen Sie ihn so erst zum Betteln und zweitens bekommt Ihr Hund auf diese Weise auch schnell mal etwas Süßes, das sehr schädlich für ihn ist. Belohnen Sie ihn nur mit speziellen Hundeleckerlis.

Keine Reste vom Tisch

Geben Sie Ihrem Beagle nie Reste Ihrer eigenen Mahlzeit. Ihr Hund darf hier auf keinen Fall vermenschlicht werden, denn er hat ganz andere Ernährungsansprüche als Sie. Unsere stark gewürzten Speisen führen bei Vierbeinern schnell zu schweren Gesundheitsstörungen. Füttern Sie nur spezielles und ausgewogenes Hundefutter.

Ausstellungen

Für Rassehundefreunde sind Hundeausstellungen eine interessante Veranstaltung. Hier sind Informationen aus erster Hand zu bekommen.

Für alle Rassehundefreunde sind Hundeausstellungen eine besonders interessante Plattform. Hier können Sie sich bereits vor dem Kauf eines Vierbeiners genau über eine bestimmte Rasse informieren, denn Sie sehen nicht nur etliche Vertreter live, sondern haben auch die Möglichkeit, mit Haltern und Zuchtvereinen in Kontakt zu treten und auf diese Weise Erfahrungsberichte aus erster Hand zu sammeln. Bei den Ausstellungen selbst geht es um die genaue Überprüfung und Bewertung der Hunde hinsichtlich des vorgeschriebenen Rassestandards und der durch den betreuenden Verein festge-legten Zuchtkriterien. Für einige Hundehalter ist die Teilnahme an einer Ausstellung reiner Spaß. Sie möchten solch eine Veranstaltung einfach einmal mitmachen, um nur interessehalber zu hören, wie Ihr Vierbeiner vor einem professionellen Richter abschneidet. Vielleicht hat sie sogar der Züchter ihres Hundes dazu überredet, schließlich ist es für den Züchter selbst wichtig und interessant zu sehen, wo sein Nachwuchs und somit auch seine Zuchtlinie steht. Viele Aussteller sind bereits in das Zuchtgeschehen involviert; es sind langjährige und zukünftige Züchter, aber auch Deckrüdenbesitzer, die ihre

Vierbeiner über die Teilnahme an Ausstellungen bekannter machen möchten.

Auf einer Hundeausstellung herrscht eine ganz besondere Atmosphäre. Das Sehen und Gesehenwerden steht in jedem Fall im Vordergrund. Die Einteilung der Hunde erfolgt in verschiedene Klassen, getrennt nach Geschlechtern. Bei der abschließenden Bewertung werden bestimmte Formwertnoten vergeben (siehe Kasten Seite 80).

Dabeisein ist alles

Wollen Sie auch einmal mit Ihrem Beagle im Ring stehen, sei es aus reinem Vergnügen oder weil sie mit ihm züchten möchten, ist ein gutes Sozialverhalten Ihres Hundes natürlich Pflicht. Außerdem ist eine ordentliche Leinenführigkeit schon die halbe Miete einer gelungenen Präsentation. Bei der anschließenden Einzelbewertung erfolgt die genaue Begutachtung Ihres Hundes durch den Richter: Dieser prüft neben dem Gangwerk das Stockmaß, die genauen Proportionen, Besonderheiten des Standards und die Zähne. Dieses Beurteilungsritual sollten Sie schon vorab üben, damit sich Ihr Beagle auch von fremden Menschen ins Maul sehen und natürlich überhaupt berühren lässt.

Der Umgang und das korrekte Vorführen des Hundes fließen in die Bewertung mit ein. So erkennen die Richter genau, wer mit seinem Vierbeiner das optimale Präsentieren trainiert hat. Nicht selten wird ein Ausstellungsneuling darauf hingewiesen, dass seine Führfehler der Grund für eine schlechtere Bewertung des Hundes sind, im Vierbeiner jedoch mehr Potenzial steckt.

Eine gute und umfassende Vorbereitung für eine Zuchtschau bekommen Sie durch ein professionelles Ringtraining, das von manchen Hundevereinen oder auch Züchtern angeboten wird. Für die Teilnahme an einer Zuchtschau

Bitte beachten Sie ...

Kranke Vierbeiner sind von Zuchtschauen ausgeschlossen. Vor der Ausstellung müssen Sie die FCI-Ahnentafel und den Impfpass mit einer gültigen Tollwutimpfung Ihres Beagles vorlegen.

Der Richter begutachtet ganz genau das Gangwerk, das Stockmaß, die genauen Proportionen, Besonderheiten des Standards und die Zähne.

So funktioniert's

Rassen- und Klasseneinteilung

Der Beagle wurde von der FCI (Fédération Cynologique Internationale) in die Gruppe 6 Laufhunde, Schweißhunde und verwandte Rassen, Sektion 1.3 Kleine Laufhunde, mit Arbeitsprüfung eingeteilt.
Als Startklassen gibt es:

- *Jüngstenklasse (6–9 Monate)*
- *Jugendklasse (9–18 Monate)*
- *Zwischenklasse (15–24 Monate)*
- *Offene Klasse (ab 15 Monate)*
- *Veteranenklasse (ab 8 Jahre)*
- *Gebrauchshundklasse (ab 15 Monate mit Arbeitsprüfung)*
- *Championklasse (ab 15 Monate für Champions und Gewinner bestimmter Titel)*
- *Ehrenklasse (startberechtigt nur mit dem FCI-Titel „Internationaler Schönheitschampion")*

Formwertnoten

- *Vorzüglich (V)*
- *Sehr gut (SG)*
- *Gut (G)*
- *Genügend (Ggd)*
- *Disqualifiziert (Disq)*

Die vier besten Hunde einer Klasse werden platziert, sofern sie mindestens die Formwertnote „Sehr gut" erhalten haben.

Beurteilungen in der Jüngstenklasse

vielversprechend (vv)
versprechend (v)
wenig versprechend (wv)

Weitere Wettbewerbe

Zuchtgruppe *Sie besteht aus mindestens drei Hunden einer Rasse aus demselben Zwinger; die Hunde müssen am Tag der Ausstellung in der Einzelbewertung mindestens den Formwert „Gut" bekommen haben.*

Schon die Jüngsten dürfen an einer Ausstellung teilnehmen.

Paarklasse *Sie besteht aus jeweils einem Rüden und einer Hündin, die Eigentum eines Ausstellers sein müssen.*

Juniorhandling *Dies ist ein Vorführwettbewerb für Jugendliche, der als Vorbereitung gedacht ist, Hunde auch später im Ausstellungsring zu präsentieren.*

Veteranen-Wettbewerb *Hier können Hunde ab dem 8. Lebensjahr starten; es wird nach den Vorgaben des Standards besonders die Gesamtkonstitution, der Pflegezustand des Vierbeiners sowie die im Ring gezeigte Kondition beurteilt.*

Gelassene, nervenstarke Beagle, die nichts so schnell aus der Ruhe bringt, tun sich auf Ausstellungen natürlich leichter.

Auch vierbeinige Veteranen dürfen noch bei Wettbewerben mitmachen.

sollten Sie sich aber nicht nur im Vorfeld Zeit nehmen, auch die Ausstellung selbst dauert meist einen ganzen Tag, wobei Sie die meiste Zeit sicherlich mit Warten verbringen. Wie die Hunde selbst das Ausstellungsgeschehen aufnehmen, ist unterschiedlich. Einige scheinen sichtlich Spaß am Präsentieren und Posieren zu haben. Bei anderen Gespannen ist der Spaß am Gesehenwerden eher auf den Zweibeiner begrenzt, der Vierbeiner hingegen würde den Tag sicherlich lieber tobend im Freien verbringen. Eine gewisse Nervenstärke muss ein Beagle für eine Ausstellung in jedem Fall mitbringen, damit ihn die Menschen- und Hundeansammlung auf engstem Raum nicht unnötig stressen.

Ein erfolgreiches Team ...

... im Revier, in Freizeit und Alltag

Ein gut erzogener und sozialisierter Beagle ist überall ein gern gesehener Gast und ein toller Freizeitpartner.

Für ein soziales Tier wie einen Hund gibt es nichts Schöneres, als seine Leute so oft wie möglich zu begleiten.

Ein gewisser Grundgehorsam und eine gute Sozialisation des Vierbeiners sind allerdings die Voraussetzung für gemeinsame, entspannte Freizeitaktivitäten und einen abwechslungsreichen Alltag.

Der Beagle als Jagdbegleiter

Ursprünglich wurde der Beagle in seiner Heimat England als Hasenbracke für die Meutejagd gezüchtet. Über Jahrhunderte hinweg selektierte man in der Zucht auf eine gute Nase, die Fährtensicherheit garantiert (der Brackenjäger spricht auch bei der Spur des Hasen von Fährte), hohe Passion, die einen enormen Finderwillen bedingt, absolute Fährtentreue, einen ausgeprägten Spurlaut und gute Verträglichkeit mit Artgenossen. Eine relativ geringe Größe, Zähigkeit und Ausdauer waren ebenfalls wichtige Eignungskriterien für einen zuverlässigen Meutehund. All diese, vollkommen auf den Jagdeinsatz ausgerichteten Eigenschaften sind auch heute noch bei einem Großteil aller Rassevertreter zu finden. Die Meutejagd allerdings hatte in Deutschland nie die Bedeutung wie in Frankreich oder Großbritannien. Sie wird als Hetzjagd eingestuft und ist seit langem verboten.

Im deutschsprachigen Raum zählt der Beagle zu den Bracken. Bracken wurden ursprünglich für das „Brackieren" verwendet, eine Jagdart, bei der die Hunde selbstständig das Beutetier (zumeist Fuchs und Hase) suchen und anhaltend jagen sollen. Der sehr standorttreue Hase kehrt dabei nach einiger Zeit in sein angestammtes Revier zurück und kann vom dort wartenden Jäger erlegt werden. Heute wird diese Jagdart aufgrund der meist kleinräumigen Reviere fast nicht mehr ausgeübt.

Jagdbegleiter mit Familiensinn

Trotzdem erfreut sich der Beagle bei Brackenführern immer größerer Beliebtheit. Er kommt hierzulande meist in waldreichen Gebieten als Stöberhund für die Jagd auf Fuchs, Hase und Schalenwild zum Einsatz. Die Hunde müssen dabei das Wild aufstöbern und aus der Di-

In seiner Heimat England wurde der Beagle ursprünglich als Hasenbracke für die Meutejagd gezüchtet.

Dabeisein ist für ein soziales Tier wie einen Hund alles, vor allem wenn Frauchen ihn auf eine abwechslungsreiche Wanderung mitnimmt.

ckung treiben. Für diese Arbeit ist selbstständiges Stöbern, ein gewisses Maß an Wildschärfe (Schwarzwild betreffend), spurlautes Jagen und absolute Spursicherheit notwendig. Die Wildschärfe ist beim Beagle so zu verstehen, dass die Hunde zwar wehrhaftes und krankes Wild verfolgen und stellen, es aber nicht blindwütig angehen. Als Stöberhund kann der Beagle sowohl einzeln als auch bei Bewegungsjagden im Zusammenspiel mit

Jagdlicher Ausdauerkönig

Jagdlich orientierte Rasseinteressenten müssen sich darüber im Klaren sein, dass ein Beagle auch mal mehrere Stunden lang selbstständig seinem „Beruf" nachgeht. Manchmal ist die Jagd bereits beendet, alle Hunde sind wieder bei ihren Haltern eingetroffen, nur der Beagle fehlt noch. Fleißig arbeitend kann man ihn dann vielleicht sogar in der näheren oder weiteren Umgebung hören. Ein jagender Beagle lässt sich selbst bei guter Erziehung nicht so einfach abrufen. Mit diesem sehr selbstständigen, unbändigen Jagdtrieb muss ein Beaglehalter einfach leben. Es versteht sich von selbst, dass man gerade Beagles nie in Straßennähe jagen, geschweige denn laufen lassen sollte!

Der Beagle kann als Stöberhund sowohl einzeln als auch bei Bewegungsjagden eingesetzt werden.

Field-Trials

In den USA und in Kanada finden auch Sportjagden (Field Trials) mit Beagles statt. Hierbei jagen die Hunde in einem eingezäunten Bereich Hasen und Kaninchen (in Kanada Füchse), ohne dass diese jedoch erlegt werden. Die Arbeit der Hunde wird anschließend beurteilt und prämiert.

mehreren Hunden eingesetzt werden.

Mit einer entsprechenden Einarbeitung, die bereits im Welpenalter erfolgen muss, kann es außerdem gelingen, den Beagle zum „Kurzjäger" auszubilden. Dies empfiehlt sich, wenn der Hund später bei Bewegungsjagden mit dem Halter durch das Treiben gehen und Wild in der Nähe aufstöbern sowie kurz spurlaut verfolgen soll, ehe er dann (nach spätestens einer halben Stunde) wieder zum Rüdemann zurückkommt. Solche Kurzjäger sind dann allerdings nur noch bedingt dafür geeignet, in wildärmeren Gebieten vom Stand aus geschnallt zu werden, da sie mitunter in unmittelbarer Nähe des Hundeführers arbeiten und keine großräumige Suche mehr machen.

Für die Wasserarbeit ist der Beagle nur bedingt geeignet, denn nicht jeder Rassevertreter kann sich mit dem kühlen Nass anfreunden. Auch die Apportierarbeit ist aufgrund der geringen Körpergröße nicht optimal möglich, obwohl einige Hunde durchaus Kaninchen bringen.

Bei Nachsuchen ist der eifrige Jagdhund aufgrund seiner hervorragenden Nasenleistung sehr erfolgreich. Fährtenwille, -sicherheit und -treue zeichnen ihn hierbei aus und machen ihn zu einem absolut zuverlässigen Helfer des Waidmannes. Der Beagle arbeitet stets mit tiefer Nase. Ihm entgeht keine Spur; eine gründliche und freudige Ausarbeitung derselben ist für ihn selbstverständlich. Sogar länger stehende Fährten meistert er problemlos.

Da sich Meutehunde reibungslos in ein großes „Rudel" integrieren lassen und die herrschende Rangordnung respektieren müssen, sind Beagles sehr gut in der Familie zu halten. Wie andere Meutehundrassen auch sind sie äußerst verträglich mit Artgenossen und verfügen über ein angenehmes, sehr liebes Wesen.

Aufgrund seiner hervorragenden Nasenleistung ist der eifrige Jagdhund bei Nachsuchen sehr erfolgreich.

Eifriger Helfer im Revier

Alles in allem ist der Beagle ein handlicher Jagdgebrauchshund, der nicht nur einen Hobbywaidmann, sondern auch den Förster und professionellen Jäger passioniert bei der Arbeit in Wald und Feld unterstützt. Die jagdliche Ausbildung muss von Anfang an einfühlsam, geduldig und konsequent erfolgen. Härte und Zwang sind fehl am Platz – sie führen nur zum Vertrauensbruch mit dem Halter und zur Arbeitsverweigerung. Intensiver Familienanschluss ist für die positive Entwicklung des Hundes unerlässlich. Eine reine Zwingerhaltung ist für den einzeln gehaltenen Jagdgebrauchshund absolut tabu, denn hier würde der anhängliche Vierbeiner physisch und psychisch verkümmern. Wichtige Voraussetzung für eine gute Zusammenarbeit zwischen Herr und Hund ist, genügend Zeit miteinander zu verbringen, in der der Beagle ausreichend beschäftigt und ein optimales Vertrauensverhältnis zu einander geschaffen wird. Auch eine zielgerichtete Prägung im Welpenalter ist für eine erfolgreiche jagdliche Ausbildung des Hundes unerlässlich.

Damit Rasseneulinge die Jagdeigenschaften des Beagles optimal fördern können, bieten die Rassezuchtvereine jagdpraktische Übungslehrgänge an. Zudem werden Prüfungen abgehalten. Grundvoraussetzung für die Teilnahme an jagdlichen Prüfungen ist ein gültiger Jagdschein oder der Nachweis über die laufende Ausbildung zum Jäger. Außerdem muss der Beagle Papiere von einem Rassezuchtverein des JGHV haben. Manche vereinsinterne Seminare stehen auch Nichtjägern offen.

Hundesport

Damit Ihr Beagle seine positiven Eigenschaften voll und ganz entfalten kann, ist eine angemessene Auslastung sehr wichtig. Eine weitere Möglichkeit den intelligenten Vierbeiner neben der Jagd zu fordern ist Hundesport. Hier gibt es inzwischen ganz unterschiedliche Sportarten, die auf vielen Hundeplätzen angeboten werden. Auch im Wettkampfsport soll für alle Beteiligten stets der Spaß im Vordergrund stehen. Die intensive Beschäftigung miteinander schweißen Herr und Hund schnell zu einem unzertrennlichen Dream-Team zusammen. Im Folgenden stellen wir Ihnen einige Sportarten vor, die gut für einen Beagle geeignet sind.

Eine angemessene Auslastung und sinnvolle Beschäftigung sind für Ihren Beagle sehr wichtig, beispielsweise in Form von Hundesport.

Begleithundeprüfung (BH)

Voraussetzung für die Ausübung einiger Sportarten (z.B. Agility, Fährtenhund) ist eine bestandenen Begleithundeprüfung. Das Mindestalter der wedelnden Prüflinge liegt bei 15 Monaten. Der Vierbeiner muss auf dem Hundeplatz verschiedene Unterordnungsübungen absolvieren; außerdem gilt es außerhalb des Platzes einen Verkehrsteil zu bestehen, der das sichere und freundliche Verhalten des Hundes gegenüber anderen Verkehrsteilnehmern und Artgenossen überprüft. Für den Hundeführer gibt es zuvor noch eine theoretische Prüfung.

Agility ist eine schnelle Hundesportart, bei der eine gute Zusammenarbeit zwischen Hund und Mensch zählt.

Agility

Agility ist mehr als nur ein schneller Sport. Agility festigt und vertieft die Beziehung zwischen Zwei- und Vierbeinern. Laut FCI-Reglement erfolgt eine Einteilung in drei verschiedene Startklassen je nach Größe des Hundes. Ein professioneller Parcours besteht aus 15–20 Hindernissen und hat eine Länge zwischen 100 und 200 m. Bei einem Turnier sollten mindestens sieben Hochsprung-Hürden vorhanden sein. Zum Standard gehören zehn Geräte, der Richter stellt davon mindestens sieben. Zudem müssen mindestens zwei

Der Turnierhundesport bietet für das Mensch-Hund-Team jeden Alters etwas. Beide Teampartner sind hier gleichermaßen gefordert.

Richtungswechsel im Parcours enthalten sein. Die Bewertung erfolgt am Ende je nach Zeit, eventuellem Abwurf oder Verweigerung. Schnelligkeit und Präzision sind hierbei sehr wichtig. Daher ist ein optimales Zusammenspiel zwischen Mensch und Hund unerlässlich.

Turnierhundesport

Turnierhundesport (THS) bietet für jeden etwas, denn hier gibt es auch je nach Alter des Halters unterschiedliche Startklassen. Mensch und Hund bilden als gleichgestellte Partner ein Team. In die Endnote fließen also nicht nur die Leistungen des Vierbeiners, sondern auch die des Zweibeiners mit ein. Innerhalb des Turnierhundesports gibt es verschiedene, abwechslungsreiche Wettbewerbsformen wie Hindernislauf-Turniere, Vierkampf (Gehorsam, Slalom, Hürden- und Hindernislauf), Geländelauf (2000 m/5000 m), Combination Speed Cup (CSC; Mannschaftswettkampf, in dem drei Mannschaftsmitglieder in einem in drei Sektionen eingeteilten Parcours als Staffel laufen), Shorty (Kurz-Bahn-„CSC" für Zweier-Mannschaften mit zwei Geräte-Sektionen) und Qualifikations-Speed-Cup („QSC"; Wettkampf nach dem K.-o.-System auf zwei baugleichen Parcours).

Mobility

Mobility eignet sich gut für Menschen und Hunde jeden Alters, aber auch gehandicapte Vierbeiner, denn die zu absolvierenden Aufgaben werden individuell an die startenden Hunde angepasst. Dabei gilt es Elemente aus dem Agility, aber auch andere Spaßlektionen wie Schaukeln, in einem Bollerwagen fahren oder einen Gegenstand apportieren zu bewältigen. Außerdem können kleine Unterordnungsübungen und Kunststückchen abgefragt werden. Damit der Parcours als bestanden gilt, muss das sechsbeinige Team mindestens zwölf von siebzehn Stationen fehlerfrei durchlaufen. Anschließend folgt für Herrchen oder Frauchen ein Theorieteil mit zehn Fragen rund um den Hund. Sind acht Antworten richtig, hat auch der Zweibeiner seinen Test bestanden. Beim Mobility stehen grundsätzlich der Spaß und das Teamwork mit dem Hund im Mittelpunkt.

„Give me five!"

Trickdogging

Immer mehr Hundeschulen bieten Kurse oder Workshops in Trickdogging an. Dabei werden Gehorsamkeitsübungen mit Spaßlektionen verbunden. Die vierbeinigen Schüler lernen kleine Kunststückchen und Spiele, die der Hundeführer auf Spaziergängen oder bei schlechtem Wetter im Haus ganz einfach „abfragen" kann. Hier ist also Kopfarbeit gefragt. Im Mittelpunkt steht immer der Spaß und nicht die perfekte Leistung. Die Palette der Übungen ist groß: winken, verbeugen, „give me five", das schnurlose Telefon bringen oder

ein Taschentuch aus der Hose ziehen sind nur einige wenige Beispiele. Da dieses Training individuell auf jeden einzelnen Vierbeiner zugeschnitten werden kann, ist es auch gut für ältere Beagle, Hunde mit Handicap oder ängstliche Hunde geeignet.

Fährtenarbeit

Bei der Fährtenarbeit lernt ein Hund, einer menschlichen Spur anhand der Bodenverwundung durch die Fußabdrücke in natürlichem Gelände zu folgen. Die Einweisung des Vierbeiners erfolgt am Anfang, dem sogenannten Ansatz der Fährte mit dem Kommando

Im Mobility gilt es Elemente aus dem Agility, aber auch andere Spaßlektionen wie Hängebrücken überqueren oder in einem Schubkarren fahren zu bewältigen.

Mit dem Kommando „Such" beginnt der Vierbeiner bei der Fährtenarbeit einer Spur zu folgen.

Tipp!

Ausdauersportarten, bei denen der Hund länger läuft, sind nur für absolut gesunde, normalgewichtige und nicht zu alte Hunde geeignet. Auch junge Vierbeiner müssen mit Rücksicht auf ihren noch instabilen, weichen Bewegungsapparat geschont werden: Gewöhnen Sie Ihren bellenden Begleiter erst ab einem Alter von etwa 1,5 Jahren langsam an längere Strecken. Wärmen Sie Ihren Hund vor jeder sportlichen Aktivität gut auf, um Schäden am Skelett vorzubeugen.

„Such". Der Halter ist mit einer 10 m langen Leine mit dem Hund verbunden. Der Vierbeiner trägt bei dieser Arbeit ein spezielles Geschirr. Je nach Schwierigkeitsgrad sind in die zu verfolgende Spur spitze und stumpfe Winkel sowie kreuzende Fremdfährten (Verleitungen) eingebaut. Findet der Vierbeiner unterwegs Gegenstände von seinem Herrn, muss er diese beispielsweise durch Ablegen anzeigen (verweisen). Der Halter zeigt dem Richter den Gegenstand und setzt den Hund erneut auf der Fährte an. Am Ende der Spur winkt der Supernase eine tolle Belohnung.

Sportbegleiter Beagle

Beagles sind sehr aktive, ausdauernde Hunde, die sichtlich Spaß daran haben, ihre Leute bei

Suchen Sie die Beschäftigung mit Ihrem Beagle nach seiner individuellen Vorliebe, seinem Gesundheitszustand und seiner allgemeinen Fitness aus.

sportlichen Aktivitäten zu begleiten. Vierbeinige Bewegungsfetischisten wie der Beagle freuen sich über eine Fahrradtour genauso wie Herrchen und Frauchen, die sich in ihrer Freizeit körperlich fit halten wollen. Grundvoraussetzung für die ungefährliche Mitnahme eines Hundes am Rad ist natürlich ein gewisser Gehorsam: Das sichere Herkommen auf Zuruf, gute Leinenführigkeit und einwandfreies Bei-Fuß-Gehen sind ein absolutes Muss für einen ungefährlichen Radausflug mit Ihrem Beagle. Führen Sie einen ungeübten Hund langsam an das Laufen neben dem Fahrrad heran, denn auch er muss erst allmählich seine Kondition aufbauen. Bremsen Sie einen zu überschwänglichen Vierbeiner unbedingt ein, er könnte sich leicht selbst überschätzen, schließlich ist eine Radtour für den Hund deutlich anstrengender als für den Radler. Meiden Sie außerdem große Hitze. Wenn Sie Ihren rennenden Kameraden

Tipp!

Erste Hilfe bei Muskelkater: Vorbeugend gleich nach der Anstrengung 1 Tablette Rhus toxicodendron D30 oder im Akutfall 2 x tgl. 1 Tablette.

Auch für längere Wanderungen müssen Sie die Kondition Ihres Hundes erst langsam aufbauen.

vom Fahrrad aus an der Leine halten, so wickeln Sie die Leine aus Sicherheitsgründen nie um den Lenker, sondern nehmen Sie diese so in der Hand, dass Sie im Notfall schnell loslassen können. Eine Alternative finden Sie im Springerbügel: Hier haben Sie die Hände frei und am Lenker, während Ihr Beagle mit einem Kurzführer an einem gefederten Halter am Rad befestigt ist. Eine Sicherheitsvorrichtung sorgt dafür, dass sich die Leine samt Hund im Notfall vom Rad löst und Sie so nicht gefährdet. Sie als Radler sollten bei einer Fahrradtour immer einen geeigneten Helm tragen.

Viel Spaß am laufenden Band

Nach wie vor sind **Joggen**, **Walken** und **Nordic Walking** die Renner unter den Outdoorsportarten. Wie immer gilt für Mensch und Hund: geteiltes Vergnügen ist doppelte Freude. Vergessen Sie selbst bei gut folgenden Hunden nie, eine Leine für den Notfall mitzunehmen. Leinen Sie jagdbegeisterte Vierbeiner im Wald mit Rücksicht auf Wildtiere an. Damit der Jogger die Hände frei hat, hält der Fachhandel inzwischen spezielle Jogging-Leinen und -Gürtel bereit. In Letzteren wird die Leine einfach eingehängt. Natürlich muss Ihr Beagle so gut erzogen sein, dass er nicht ungestüm an der Leine zieht. Planen Sie eine größere Runde mit Pause, vergessen Sie etwas Wasser für Ihren Vierbeiner nicht. Lassen Sie ihn allerdings nicht zu viel davon trinken, damit er durch das Rennen mit vollem Bauch keine Magendrehung bekommt.

Wandern Sind Sie kein Freund von flotten Sportarten, probieren Sie es mal mit einer ruhigeren Wanderung. Da jedoch auch hier von Zwei- und Vierbeinern Ausdauer gefragt ist, müssen Sie das Training hier wieder erst lang-

Ein Energiebündel wie der Beagle begleitet Sie gerne beim Joggen oder Walken.

Auch wenn es beim Sport ein wenig ruhiger zugeht, ist der Beagle mit Freude als Begleiter dabei.

Keinen Sport mit vollem Bauch

Wegen der Gefahr einer Magendrehung darf ein Hund grundsätzlich vor sportlichen Aktivitäten nichts zu fressen bekommen. Füttern Sie ihn auch nicht unmittelbar danach, sondern erst nach einer ca. 20-minütige Erholungspause: eine große, gierig verschlungene Portion kann zusätzlich Kreislauf belastend sein und schwer im Magen liegen.

Hunde, egal welchen Alters, die nicht spielen dürfen, können seelisch und auch körperlich verkümmern.

sam aufbauen. Packen Sie für längere Touren neben einer eigenen Brotzeit auch Trinkwasser und, je nach Dauer, eine kleine Futterration sowie einen Napf für Ihren Beagle ein. Vergessen Sie außerdem ein Erste-Hilfe-Notfallset nicht. Längere Bergtouren bedürfen einer größeren Vorbereitung; sicheres Kartenlesen ist dabei schon eine wichtige Grundvoraussetzung. Klären Sie bei Mehrtagestouren unbedingt vorab, ob Ihr Vierbeiner auch in Hütten übernachten darf.

Rund ums Spielen

Warum Spielen so wichtig ist

Jedes junge Tier spielt gerne, denn Spielen macht Spaß, aber nicht nur das: Im Spiel lernt ein Vierbeiner fürs Leben und zwar sein Leben lang. Schon Welpen lernen spielerisch ihre

Umwelt kennen, lernen aus guten und schlechten Erfahrungen. Aber auch die Rangordnung innerhalb des Hunderudels und später innerhalb der Familie wird spielerisch ausgetestet. Das Spiel mit Artgenossen legt für Welpen den Grundstein zu einem normal entwickelten, ausgeglichenen Sozialverhalten. Spielen ist aber nicht nur für junge Hunde wichtig. Im Grunde kann ein Vierbeiner bis ins hohe Alter spielerisch lernen. Erwachsene Hunde testen untereinander ebenfalls immer wieder im Spiel ihre Rangordnung aus.

Sehr selbstbewusste Tiere versuchen oft innerhalb ihrer Familie durch schelmische Tricks ihre Grenzen und ihren Stand in der Familie auszuloten. Lassen Sie sich hiervor nicht einwickeln, sonst haben Sie schnell verspielt. Auch veränderte Lebensbedingungen oder unbekannte Gegenstände werden noch von erwachsenen Hunden spielerisch erforscht. Häufiges Spielen schult außerdem das Gehirn des Vierbeiners. So belegen Studien, dass Hunde, die in ihrer Welpenzeit kaum Eindrücke sammeln konnten, ihr Leben lang weniger aufnahmefähig sind als Artgenossen, die zwar von den Erbanlagen her nicht so intelligent sind, dafür aber mehr gefördert wurden. Vier-

Geben Sie auch Ihrem erwachsenen Hund immer wieder die Gelegenheit, mit Artgenossen zu spielen und ausgelassen zu toben.

10 Spielregeln für Sie und Ihren Beagle

Spielen macht Spaß, allerdings nur, wenn sich alle Mitspieler an bestimmte Regeln halten. Im Zusammenspiel mit Ihrem Beagle bleiben Sie jedoch immer der Chef, der auch dafür sorgt, dass Ihr cleverer Vierbeiner nicht still und heimlich Ihre Autorität untergräbt.

- *Sie bestimmen Zeitpunkt und Ort.*
- *Sie sind der Spielzeug-Verwalter.*
- *Kein Tauziehen mit sehr selbstbewussten Rambos.*
- *Nach dem Füttern herrscht Spielverbot (Magendrehung).*
- *Lassen Sie Ihren Hund während des Spiels keine großen Mengen trinken (Magendrehung).*
- *Nicht in der größten Mittagshitze spielen.*
- *Auf ausreichende Ruhephasen achten.*
- *Belohnen Sie nicht nur mit Leckerli, sondern auch mit Stimme, Streicheln und Spielzeug.*
- *Sie legen das Spielende fest.*
- *Hören Sie auf, wenn's am Schönsten ist!*

beiner, denen mehr geboten wird, können sich auch nachweislich besser konzentrieren.

Junge Hunde erfahren durch ausgelassenes Toben nach Erziehungseinheiten eine tolle Belohnung. Sie dürfen nun ihren, durch die Anspannung des Lernens aufgestauten Energien so richtig freien Lauf lassen und entspannen sich somit wieder. Gehen Sie die Erziehung Ihres Beagles spielerisch an, wirkt dies sehr motivierend auf den Vierbeiner, denn der Spaß kommt dabei nie zu kurz. Außerdem entwickelt sich ein intensives Vertrauensverhältnis zwischen Ihnen und Ihrem Hund. Regelmäßige Spielstunden schweißen Sie und Ihren Beagle zu einem richtigen Dream-Team zusammen. Auf diese Weise bleibt Ihr wedelnder Kamerad auch im Alter lange körperlich und geistig fit. Schüchterne Vertreter gelangen durch einfache Spiele, die Erfolge bringen, zu einem neuen, gestärkten Selbstbewusstsein. Spielen ist für Hunde jeden Alters also in den unterschiedlichsten Bereichen wie ein Lebenselixier, ohne das sie auf Dauer physisch und psychisch verkümmern würden.

Spielen und Toben baut nach Erziehungseinheiten aufgestaute Energien der Jungspunde ab und entspannt zusätzlich.

Bei einem Waldspaziergang laden Baumstämme zum Überspringen ein.

Lustige Hundespiele

Kreative Hürden Viele Beagles haben großen Spaß am Überspringen von Hürden. Hierfür eignet sich gut ein Besenstiel, der auf umgedrehte Obstkisten, Pappkartons oder Ziegelsteine gelegt wird. Aus Schutz vor Verletzungen sollte die „Stange" bei einer Berührung leicht herunterfallen.

Setzten Sie sich auf den Boden, lädt Ihr ausgestrecktes Bein zum Überspringen ein. Mehrere umgedrehte, mittelgroße Blumentöpfe sind ebenfalls ein tolles Hindernis. Mit Ihren Armen können Sie einen „Reif" bilden, durch den Ihr Beagle ebenfalls gerne springt. Möchten Sie einmal eine Dogdancing-Choreographie für

Mithilfe einer Futterschleppe können Sie die Nasenleistung Ihres Beagles gut nachvollziehen.

den Hausgebrauch kreieren, bauen Sie die letztgenannten Sprungelemente mit ein.

Futterschleppe Binden Sie hierfür ein Stück Fleisch oder Pansen an eine Schnur und ziehen Sie damit eine Spur durch den Garten. Bauen Sie dabei auch Kurven oder Schlangenlinien ein. Führen Sie diesen Parcours an markanten Stellen wie beispielsweise Bäumen oder Büschen vorbei, damit Sie die Nasenleistung Ihres Beagles anschließend gut nachvollziehen können. Allerdings darf Ihr Hund diese Vorbereitungen nicht mitverfolgen. Dann zeigen Sie Ihrem Vierbeiner den Anfang der Spur und fordern ihn mit dem Befehl „Such" auf ihr zu folgen. Kommt Ihr Beagle von der Fährte ab, schimpfen Sie ihn nicht, sondern setzen Sie ihn erneut darauf an und motivieren Sie ihn mit eigener Begeisterung. Folgt er eifrig der Spur, loben Sie ihn ausgiebig. Ist Ihr Beagle schließlich am Ende der Fährte angekommen, belohnen Sie ihn mit einem Leckerli oder einem Stück Wurst.

Vierbeiniger Haushaltshelfer Auch im Haushalt können Sie Ihren Beagle als Träger einspannen: Haben Sie auf dem Weg in die Waschküche einen Socken verloren, erspart Ihnen Ihr schlappohriger Gentleman lästiges Bücken.

Etwas schwieriger ist das Bringen bestimmter Gegenstände auf Kommando. Hierfür muss Ihr Beagle zusätzlich die Bezeichnung der ein-

Im Garten bringt Ihnen ein apportierfreudiger Beagle gern eine kleine Gießkanne.

Lassen Sie Ihren Beagle aus einer größeren Anzahl von Tannenzapfen den herausfinden, den Sie vorher in der Hand hatten.

zelnen Dinge lernen. Zeigen Sie Ihrem Vierbeiner zunächst höchstens zwei verschiedene Gegenstände und verwenden Sie dabei immer denselben Namen und dasselbe Kommando, z. B. „Pantoffel, Apport". Nimmt er den entsprechenden Gegenstand auf, wird ausgiebig gelobt. Vertut er sich, schimpfen Sie nicht, sondern nehmen Sie ihm mit einem ruhigen „Nein" das falsche Objekt ab und zeigen Sie ihm unter Betonung der richtigen Bezeichnung den gewünschten Gegenstand. Nimmt er nun das richtige Objekt auf, wieder überschwänglich loben und freuen. Klappt die Unterscheidung aus der Nähe, entfernen Sie sich allmählich immer weiter und schicken Sie Ihren haarigen Schüler aus der Distanz zu den jeweiligen Dingen. Nach und nach wird das Erlernte perfektioniert und Ihr Beagle holt Ihnen schließlich Ihre Pantoffeln aus dem Schuhregal und die Zeitung vom Couchtisch. Im Gar-

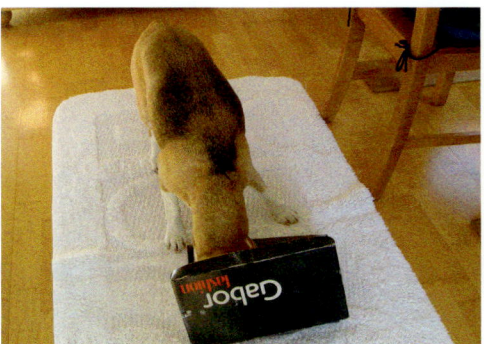

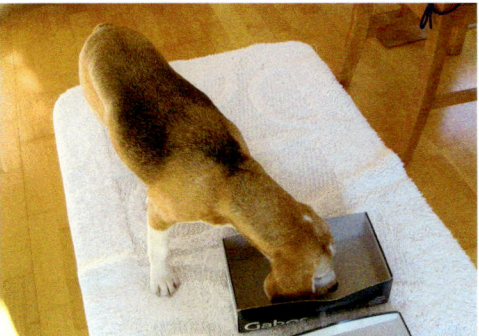

In einer speziellen Schnüffelbox können Sie Ihrem Vierbeiner ein Leckerli verstecken.

Gerne lässt sich Ihr Beagle beim Gaudi-Basketball mit Freunden als „Balljunge" einspannen. Hierfür sollte er allerdings auf Befehl einen Ball apportieren können.

ten bringt Ihnen Ihr Vierbeiner gern eine kleine Gießkanne oder die Gartenhandschuhe.

Für Supernasen Beagles sind wahre Supernasen, die sich für Schnüffelspiele absolut begeistern. Verstecken Sie Ihrem Vierbeiner doch mal ein Stück Pansen in einer speziellen Schnüffelbox. Wickeln Sie hierfür den Pansen in zerknülltes Zeitungspapier. Dieses geben Sie nun samt duftendem Inhalt locker in eine Pappschachtel, deren Deckel bereits mit einigen Duftlöchern versehen ist. Jetzt heißt es für Ihren Hund: „Auf die Plätze, fertig, los!" Feuern Sie ihn mit dem Kommando „Such" und eigener Begeisterung an, sein Leckerli zu finden. Selbstverständlich dürfen dabei auch die Fetzen fliegen.

Fortgeschrittene Vierbeiner können nach bestimmten Gegenständen suchen, die nach Ihnen riechen, wie beispielsweise Geldbeutel, Handschuh oder Schlüsselbund. Nehmen Sie auf einem Spaziergang unbemerkt vom Hund einen Tannenzapfen auf, reiben Sie ihn in Ihren Händen, werfen Sie ihn wieder weg und schicken Sie Ihre Supernase auf Streife. Loben sie ausgiebig, wenn er die richtige Richtung einschlägt. Hat er den Zapfen gefunden und nimmt er ihn auf, belohnen Sie ihn ausgiebig. Am Ende winkt natürlich ein Leckerli. Eine Abwandlung des Spiels besteht darin, dass Ihr Beagle aus einem ganzen Haufen von Tannenzapfen, den herausfinden soll, den Sie vorher in der Hand hatten.

„Basketball" für Zwei- und Vierbeiner Apportiert Ihr Beagle auf Befehl einen Ball, können Sie ihn beim Gaudi-Basketball mit Freunden als „Balljunge" einspannen. Markieren Sie als erstes eine Linie, die nicht übertreten werden darf. Anschließend stellen

Die natürlichen Verhaltensweisen unserer Hunde lassen sich gut für etliche Spaßbefehle nutzen. Aus dem Sich-Strecken des Vierbeiners entsteht beispielsweise das Verbeugen.

Sie in verschiedener Entfernung unterschiedlich große Papierkörbe auf. Je nach Größe und Entfernung enthalten die Körbe unterschiedliche Punktzahlen gemäß den Schwierigkeitsgraden (d. h. großer und naher Korb = niedrige Punktzahl, kleiner und weiter entfernter Korb = höhere Punktzahl). Nun geht es reihum. Ihr Beagle soll nach jeder Runde den Ball wieder bringen. Jeder Mitspieler möchte natürlich eine möglichst hohe Punktzahl erreichen. Manchmal ist es jedoch besser, einfachere Körbe anzupeilen, denn: trifft ein Spieler nicht, erhält er in dieser Runde 0 Punkte. Für ein Übertreten können Sie, je nach Belieben, sogar Strafpunkte verteilen. Sieger ist derjenige, der nach einer anfangs festgelegten Rundenzahl die meisten Punkte erreicht hat. Für den schlappohrigen Ballbringer gibt es selbstverständlich eine große Extra-Wurst.

Gaudikunststückchen Etliche Spaßbefehle basieren auf natürlichen Verhaltensweisen unserer Hunde. Ein Verbeugen entsteht beispielsweise aus dem Sich-Strecken des Vierbeiners. Der Hund reckt dabei das Hinter-

Für ein Leckerli macht Ihr Beagle nahezu alles: Mithilfe einer solchen Bestechung lernt Ihr Beagle auch auf Befehl „Männchen" zu machen.

Bitte beachten Sie ...

Nicht alle Hunde sind für jedes Spiel zu begeistern. Stellen Sie fest, dass Ihr Beagle keinen Spaß an einem Spiel hat, wechseln Sie lieber zu einem anderen über. Diese Spiele sollen für beide Seiten eine lustige Abwechslung im Herr-Hund-Alltag sein und nicht in Drill und Frust ausarten.

Stöckchen können wegen der Splittergefahr gefährlich für Ihren Hund sein.

teil in die Höhe und senkt gleichzeitig den Vorderkörper ab. Oftmals können Sie diese Haltung bei einer Spielaufforderung beobachten, manchmal aber auch, um nach einem Schläfchen durch ausgiebiges Strecken wieder in Schwung zu kommen. Damit Ihr wedelnder Schüler nun das Kommando „Diener" mit dem Strecken verbindet, gibt es zwei Lehrmethoden. Eine Möglichkeit ist, das natürliche Dehnen des Hundes immer mit dem Kommando „Diener" und viel Lob zu verbinden. Die andere besteht darin, dass Sie einen Arm unter den Bauch des Vierbeiners halten, während Sie den Befehl „Platz" geben. Helfen Sie bei Bedarf mit der anderen Hand durch leichten Druck auf den Nacken etwas nach. Ist die gewünschte Position erreicht, bestärken Sie den Hund zunächst durch das Kommando „Bleib, Diener". Lassen Sie Ihren Beagle anfangs nur ganz kurz in dieser Position verharren, sonst verliert er schnell die Lust. Verlängern Sie die Dauer erst allmählich. Nach und nach entfallen nun die Hilfestellungen sowie das „Bleib". Bald genügt das Wort „Diener" sowie eine entsprechende Handbewegung, um Ihren vierbeinigen Künstler zu einer Verbeugung zu animieren.

Selbst gemachtes Hundespielzeug

Ganz leicht lässt sich ein Jute- oder Lederspielzeug selber herstellen: Nehmen Sie hierfür einen alten Jutesack, füllen Sie ihn mit etwas Holzwolle und binden Sie ihn mit einem Baumwollstrick fest zu. Lederreste ergeben zusammengenäht und ausgestopft ebenfalls

Es muss nicht immer gekauftes Spielzeug sein – ein altes Handtuch tut es auch.

Gefährliches Hundespielzeug!

☠ *Gefährlich für Hunde ist Kinderspielzeug wie Bausteine oder Stofftiere mit Glasaugen oder Knöpfen, die schnell abgerissen und gefressen sind.*

☠ *Alle spitzen und scharfkantigen Gegenstände sind als Hundespielzeug absolut ungeeignet; dies gilt auch für Spielzeug, in dem spitze Teile wie Nägel oder Drähte eingearbeitet sind.*

☠ *Ebenfalls absolut tabu sind Schnüre, dünne Nylonstrümpfe, Plastikbecher oder Luftballons.*

☠ *Verboten sind Äste von giftigen Sträuchern sowie lackierte Dinge.*

☠ *Zu schweren Verletzungen können Materialien führen, die leicht splittern oder zerbrechen, wie bestimmte Holzarten, Glas, Keramik oder manche Kunststoffteile.*

Bei all diesen Dingen drohen dem Hund nicht nur schwere Verletzungen im Maul, sondern auch im Magen-Darm-Trakt. Im schlimmsten Fall kann Ihr Vierbeiner ersticken oder einen Darmverschluss bekommen.

Erste-Hilfe-Tipp

Hat Ihr Hund doch einmal aus Versehen ein gefährliches spitzes oder scharfes Teil gefressen, füttern Sie als Erste-Hilfe-Maßnahme sofort rohes Sauerkraut; dies wickelt sich im Verdauungstrakt um den Gegenstand, sodass dieser, meist ohne weitere Schäden anzurichten, wieder ausgeschieden wird. Kontaktieren Sie zur Sicherheit aber trotzdem auch ihren Tierarzt.

ein interessantes Apportel. Ein abgetrenntes Jeansbein, ein ausrangiertes T-Shirt, ein ausgedienter Strumpf oder ein altes Handtuch sind allesamt mit einem großen Knoten versehen, lustige Schleuderspielzeuge. Leere Pizzakartons ergeben lustige Frisbee®-Scheiben für den Hausgebrauch. Anschließend darf Ihr Beagle diese Flugobjekte nach Herzenslust zerfetzen.

Die meisten Hunde fahren liebend gerne mit im Auto. Transportieren Sie Ihren Verbeiner aber nicht ungesichert, denn im Falle eines Unfalls könnte dies für Sie gefährlich und teuer werden.

Nehmen Sie Ihren Hund auch an den Badesee mit, denn geteilte Freude ist doppelter Spaß.

Der gemeinsame Alltag

Ein wohlerzogener Beagle ist im Alltag ein toller Begleiter. Ihre Freunde freuen sich sicherlich nicht nur über Ihren Besuch, sondern auch über Ihren haarigen Gefährten, der überall schnell gute Laune zaubert. Der gemeinsame Gang in ein Restaurant sowie das brave unter dem Tisch Liegen versteht sich für einen vierbeinigen Gentleman von selbst. Mit einem vorbildlichen Hund sind Sie ein gern gesehener Gast, der fast schon negativ auffällt, wenn er einmal ohne seinen vierbeinigen Begleiter kommt. Die mittägliche Einkehr wird Ihrem Beagle versüßt, wenn er genüsslich ein wohlverdientes Schweineohr kauen darf. Ein anschließender Verdauungsspaziergang tut nicht nur Ihnen, sondern auch Ihrem Vierbeiner gut. Ein wohlerzogener Hund kann Sie außerdem zum Einkaufen begleiten. Gerne trägt Ihnen ein eifriger Apporteur beispielsweise eine gekaufte Zeitung nach Hause. Auf diese Weise haben nicht nur Sie, sondern auch Ihr Beagle Spaß am gemeinsamen Shoppen.

Etliche Hunde sind wahre Autofetischisten, die einfach nur gerne mitfahren. Achten Sie hier unbedingt auf die ausreichende Sicherung Ihres Vierbeiners, ansonsten kann es im Falle eines Unfalls nicht nur gefährlich, sondern auch teuer werden, denn Tiere gelten im Auto rechtlich gesehen als Ladung. Sicherungssysteme gibt es inzwischen viele, doch leider sind nicht alle wirklich empfehlenswert. Achten Sie bei der Auswahl am besten auf vorliegende Ergebnisse von Crashtests oder DIN-Prüfungen. Auch der ADAC hat eine Liste mit Vor- und Nachteilen unterschiedlicher Sicherungseinrichtungen wie Spezialsicherheitsgurte, Trenngitter, Transportboxen & Co. herausgegeben. Natürlich kann Ihr Beagle Sie bei vielen weiteren Aktivitäten begleiten: zum Beispiel bei einem Ausflug an einen Badesee oder im Winter zum Langlaufen. Vielleicht haben Sie auch einen hundefreundlichen Chef, der sich über einen vierbeinigen Mitarbeiter mit Aufgabenschwerpunkt „Verbesserung des Betriebsklimas" freut. Wichtig ist bei allem, dass Sie Ihren Hund ganz behutsam an die jeweils neue Situation heranführen. Sparen Sie dabei nie mit Lob. Trauen Sie ihm andererseits aber auch außerhalb Ihrer vier Wände ruhig ein ordentliches Auftreten zu. Nur Mut!

Hundesitter und Tagesstätten

Immer wieder einmal wird es vorkommen, dass Sie Ihren Beagle nicht mitnehmen können. Wenn Sie länger als fünf Stunden abwesend sind, sollten Sie Ihren Vierbeiner bei einem Hundesitter unterbringen. Idealerweise finden Sie jemanden im Freundes- oder Verwandtenkreis, der Ihren Beagle liebt und bei dem sich auch Ihr Hund wohlfühlt. Ist dieser Fall für Sie unrealistisch, fragen Sie andere Hundebesitzer, die Sie täglich beim Spaziergang treffen. Vielleicht kennt jemand eine hundebegeisterte Person, die selbst keinen Vierbeiner halten kann, aber hoch erfreut über gelegentlichen Hundebesuch ist. Häufig sind Tiersitter auch Tierärzten, Tierschutzvereinen, Hundeschulen, Zoofachhändlern oder Ihrem Züchter bekannt. Empfehlenswert ist ebenfalls der Blick in die Kleinanzeigen Ihrer Tageszeitung oder ins Internet. Möchten Sie Ihren Beagle lieber von einem Profi betreuen lassen, wenden Sie sich an eine Hundetagesstätte. Hier sind meist mehrere Vierbeiner gleichzeitig „geparkt". Für gut sozialisierte Hunde ist dieser Aufenthalt ein großer Spaß, da sie hier viel Kontakt mit Artgenossen bekommen. Sensiblere Vertreter fühlen sich eventuell bei einem privaten Betreuer wohler, denn er kümmert sich ganz individuell ausschließlich nur um ihn. Tagesstätten sind häufig Hundepensionen oder -hotels angegliedert. Der Aufenthalt hier ist in der Regel teurer als bei einer privaten Stelle. Andererseits können Sie in professionellen Betrieben oftmals Extras buchen wie Erziehungstraining, Tierarztbesuche oder Wellnessprogramme.

Nehmen Sie sich auf alle Fälle viel Zeit für die Suche und Auswahl eines geeigneten Hundesitters. Sehen Sie sich vor Ort genau um und beobachten Sie gut wie Mensch und Hund miteinander umgehen und aufeinander reagieren. Nur wenn ein optimales Vertrauensverhältnis gegeben ist, werden sich beide Seiten wohlfühlen. Und nur dann können Sie beruhigt auch mal ohne Ihren Beagle unterwegs sein. Wichtig ist außerdem, den Vierbeiner möglichst frühzeitig an die Unterbringung bei anderen Personen zu gewöhnen, dann fällt ihm später die vorübergehende Trennung von Ihnen nicht so schwer.

Einen guten Hundesitter findet man nicht auf die Schnelle. Schließlich soll sich Ihr vierbeiniger Freund dort wohlfühlen.

... im Urlaub

Viele Beagles lieben zwar Wasser, trotzdem sind Schifffahrten für Hunde nicht immer ideal.

Mit dem Beagle auf Reisen

Dabeisein ist für einen Beagle alles, daher gibt es für ihn auch nichts Schöneres als Sie im Urlaub zu begleiten. Ein sicherer Garant für eine erholsame Reise ist in erster Linie eine gute Organisation im Vorfeld. Möchten Sie ins Ausland fahren, sprechen Sie unbedingt vor Ihren Ferien mit Ihrem Tierarzt. Er wird Sie beraten und aufklären und Ihnen alle erforderlichen Medikamente mitgeben. Vergessen Sie nicht, den auf dem Mikrochip des Hundes enthaltenen Code spätestens vor einer geplanten Reise bei einem Tierregister (siehe Kapitel „Hilfreiche Adressen") eintragen zu lassen,

damit Ihr Vierbeiner im Falle eines Verschwindens schneller wiedergefunden werden kann. Besorgen Sie rechtzeitig alle Grenzpapiere, fehlendes Reisezubehör und Hundefutter.

Haben Sie einen hundefreundlichen Urlaubsort gefunden, geht es an die Suche einer geeigneten Unterkunft. Wollen Sie ein All-Inclusive-Paket buchen, sind Sie mit einem tierfreundlichen Hotel gut beraten. Inzwischen gibt es sogar richtige Hundehotels, in denen sich Herr und Hund gleichermaßen verwöhnen lassen können. Außerdem werden Hotels mit angegliederter Hundeschule immer beliebter. Gerade Singles treffen hier viele Gleichgesinnte und knüpfen schnell Kontakte.

Beagle sind wetterfeste Naturburschen, die auch Inselaufenthalte an der rauen Nordsee lieben.

Lieben Sie es dagegen ruhiger, sind Sie gern flexibel und können gut auf Luxus verzichten, empfiehlt sich ein Ferienhaus oder -wohnung. Hier sind Sie Ihr eigener Herr und haben für sich und Ihren Beagle viel Platz. Urige Camping- und Hüttenaufenthalte sowie Trekkingtouren mit Hund stellen für abenteuerlustige Outdoorfreaks eine reizvolle Alternative zum herkömmlichen Urlaub dar. Erkundigen Sie

Nach einer langen Wanderung in den Bergen tut eine Pause im Schatten der urigen Hütte Mensch und Hund gut.

sich aber unbedingt vorab, ob Ihr Vierbeiner auch wirklich willkommen ist. Über das Internet oder das Tourismusbüro Ihres ausgewählten Ferienortes bekommen Sie entsprechende Adressen und Informationen.

Der Hunde-Fahrplan

Die Wahl des passenden Verkehrsmittels gehört ebenfalls zu einer guten Urlaubsorganisation. Je nach Land und gewähltem Verkehrsmittel gibt es für die Mitnahme eines Hundes einiges zu beachten, schließlich soll schon die Anreise für alle Beteiligten stressfrei und entspannend sein. Am beliebtesten ist sicherlich die Fahrt mit dem Auto. Ihr Beagle benötigt hier unbedingt einen eigenen Platz, an dem er vorschriftsmäßig gesichert ist. Achten Sie außerdem auf ausreichend Kühlung sowie Frischluft und Wasser. Vermeiden Sie jedoch Zugluft, denn die kann zu schweren Augenentzündungen und Erkältungen führen. Regelmäßige Gassi- und Trinkpausen sind ein Muss. Halten Sie dafür immer Wasserflasche und -napf griffbereit. Füttern Sie Ihren Hund zuletzt maximal vier Stunden vor Reiseantritt, ansonsten liegt ihm sein Futter unterwegs schwer im Magen. Führt Ihre Strecke über Bergstraßen, bieten Sie Ihrem Vierbeiner bei häufigem Gähnen oder Hecheln ein paar Leckerli oder einen Kauknochen an, damit sich der unangenehme Druck auf den Ohren löst. Planen Sie auf jeden Fall genug Zeit für die

Tipp!

Wenn Sie selbst eine kurze Pause benötigen, lassen Sie Ihren Beagle an heißen Tagen nie im Auto zurück. Auch geöffnete Fenster verhindern nicht die enorme Aufheizung des Fahrzeuges, das für den Vierbeiner schnell zur quälenden und tödlichen Falle werden kann.

Planen Sie bei einer Autofahrt genügend Pausen ein und fahren Sie nicht in der größten Hitze.

Anreise ein, eventuell sogar mit Zwischenübernachtungen. Die besten Reisezeiten sind morgens und abends, eventuell sogar nachts. Versuchen Sie, Staugebiete zu umfahren. Kommen Sie trotzdem in einen Stau, verlassen Sie bei nächster Gelegenheit lieber die Autobahn für einen Spaziergang, bis sich der Stau wieder aufgelöst hat.

Mit der Bahn unterwegs

Für die Fahrt in einem öffentlichen Verkehrsmittel ist ein guter Benimm Ihres Beagles eine selbstverständliche Grundvoraussetzung. Auch eine gewisse Nervenstärke ist von Nöten, denn nicht nur auf dem Bahnsteig, sondern auch im Zug selber muss Ihr vierbeiniger Begleiter häufig mit Menschenmengen und großer Enge fertig werden. Unternehmen Sie vor der Abreise noch einen langen Spaziergang, damit Ihr Hund nicht nach einiger Zeit im Zug unruhig wird. Längere Aufenthalte sind für

Tipp!

In Österreich und der Schweiz gelten für die Beförderung von Hunden ähnliche Bestimmungen wie in Deutschland. Nähere Informationen erhalten Sie bei der Österreichischen Bundesbahn (ÖBB) unter **www.oebb.at** *bzw. der Schweizer Bundesbahn (SBB) unter* **www.sbb.ch**

kleine Pinkelpausen nützlich. Stecken Sie für den Notfall ein Kottütchen ein. Lassen Sie Ihren Beagle nie auf dem Bahnsteig frei laufen: leicht könnte er durch das Treiben dort in Panik geraten und entwischen. In der Bahn ist ebenfalls Leinenzwang angesagt. Hunde in der Größe eines Beagles müssen einen Maulkorb tragen (außer Blinden- und Behindertenbegleithunde) und benötigen eine Kinderfahrkarte; eine Platzreservierung für den Vierbeiner ist nicht möglich. Weitere Infos finden Sie im Internet unter **www.bahn.de**

Eine Bahnfahrt ist nur etwas für nervenstarke Hunde, denn sie müssen hier unter Umständen mit Enge und großem Gedränge fertigwerden.

Unterwegs in Bus und Taxi

In vielen Städten gibt es spezielle Tiertaxis. Aber auch in normalen Taxis dürfen Hunde mitfahren. Erwähnen Sie aber bereits bei der Bestellung, dass Sie ein Vierbeiner begleitet. Bus fahren ist in manchen Städten für Hunde kostenlos, in anderen gilt der halbe Fahrpreis. Fragen Sie entweder gleich vor Ort den Fahrer oder erkundigen Sie sich vorab beim örtlichen Fremdenverkehrsbüro.

„Eine Seefahrt, die ist lustig ...“

Fährüberfahrten mit einer Dauer von ein bis drei Stunden stellen für Hundebesitzer meist kein Problem dar, weil der Vierbeiner in der Regel mit an Deck darf. Allerdings kann dies

Damit der Urlaub für alle erholsam wird, ist eine gute Vorbereitung schon die halbe Miete.

Die Reiseapotheke für Ihren Beagle sollte enthalten

+ Eventuell benötigte Dauermedikamente
+ Mittel gegen Reisekrankheit oder Beruhigungsmittel
+ Mittel gegen Durchfall
+ Wundspray/Desinfektionsmittel
+ Augen- und Ohrentropfen
+ Floh- und Zeckenmittel
+ Zeckenzange
+ Schere
+ Fieberthermometer
+ Gaze, Verbandsmaterial
+ Pfotenschutzschuh
+ Rescue-Tropfen von Bach

auch von Land zu Land verschieden sein, erkundigen Sie sich also lieber vorab bei Ihrem Reiseveranstalter. Bei längeren Strecken sind Hunde häufig wegen fehlender Unterbringungsmöglichkeiten nicht zugelassen. Manche Fähren bieten inzwischen schon spezielle Hundekabinen an. Grundsätzlich gilt auf Schiffen Leinenzwang, manchmal sogar Maulkorbpflicht. Vergessen Sie nicht Ihre Hundegrundausstattung wie Napf, Wasser, eventuell etwas Futter, eine Decke sowie den Impfpass und je nach Einreiseformalität ein Gesundheitszeugnis. Kreuzfahrten sind für Hunde tabu. Einzige Ausnahme: die „Queen Elisabeth II", sie hat ein eigenes Hundedeck.

Flugreisen mit Hund

Nur kleine Hunde bis zu einem Gewicht von 5 kg dürfen bei den meisten Fluggesellschaften im Passagierraum mitfliegen. Informieren Sie sich aber unbedingt vor der Flugbuchung über die genauen Mitnahmebedingungen.

Weitere interessante Hinweise zum Thema „Urlaub mit Hund" finden Sie unter:
www.ferien-mit-hund.de

Tun Sie Ihrem Hund nur im Notfall einen Flug an, denn Fliegen bedeutet großen Stress für ihn.

Internet-Tipp

*Unter **www.partner-hund.de** finden Sie die Einreisebestimmungen für Reisen mit Hund ins Ausland; auch etliche Gesetze, die im Reiseland gelten, sind aufgeführt sowie diverse Inlandsbestimmungen, hundefreundliche Ferienquartiere, Reiseangebote, Checklisten, Zubehör und Bezugsquellen.*

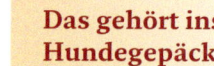

Das gehört ins Hundegepäck

- ✓ Leine und Halsband bzw. Geschirr
- ✓ Adressen-Schild fürs Halsband mit Urlaubsadresse und dem Reisezeitraum sowie der Heimatadresse
- ✓ Maulkorb
- ✓ Eventuell Transportbox
- ✓ Körbchen, Decke und Handtücher
- ✓ Spielzeug
- ✓ Frisches Trinkwasser und Näpfe
- ✓ Futter, Leckerli und Kauknochen
- ✓ Dosenöffner
- ✓ Bürste und/oder Kamm
- ✓ Kottütchen
- ✓ Sonnenschutz
- ✓ Reiseapotheke
- ✓ EU-Heimtierausweis/Grenzpapiere
- ✓ Versicherungsnummer und Anschrift der Haftpflichtversicherung

Auch im Urlaub darf das Lieblingsspielzeug Ihres Beagles nicht fehlen.

Auch Blinden- und Behindertenbegleithunde können unabhängig von ihrer Größe bei ihrem Halter bleiben. Vierbeiner von der Größe eines Beagles müssen in einer Transportbox im Gepäckraum untergebracht werden. Sprechen Sie vor einem Flug mit Ihrem Tierarzt und lassen Sie sich auf jeden Fall ein Beruhigungsmittel für Ihren Vierbeiner mitgeben, denn eine Flugreise bedeutet großen Stress für den Hund. Weitere Informationen zum Thema bekommen Sie unter **www.flughund.de**

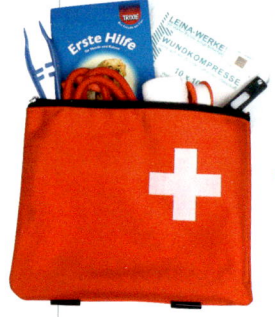

Vergessen Sie nicht, eine Reiseapotheke für Ihren Hund einzupacken.

Der Beagle in der Pflegestelle

Bei manchen, besonders weit entfernten oder heißen Urlaubszielen ist es besser, auf die Mitnahme Ihres Beagles zu verzichten und ihn während Ihrer Abwesenheit zu Hause optimal unterzubringen. Auch diese Ferienvariante muss gut vorbereitet werden. So gilt es zunächst einen zuverlässigen, lieben Hundesitter oder eine kompetente Tierpension zu finden. Im Idealfall kann Ihr Beagle bei Verwandten oder Freunden einquartiert werden. Häufig nimmt der Züchter seinen ehemaligen Nachwuchs gern in Pflege. Vielleicht kennt er aber auch jemanden, bei dem Ihr haariger Kamerad während Ihres Urlaubs gut aufgehoben ist. Professionelle Hundepensionen finden Sie über das Internet, das Branchen-

Ein kinderlieber Beagle fühlt sich in einer Pflegestelle mit Kindern besonders wohl.

Für die Pflegefamilie muss zusätzlich ins Hundegepäck

✓ Eventuell nötige Medikamente

✓ Ihre Urlaubsadresse bzw. Handynummer für Notfälle

✓ Telefonnummer Ihres Tierarztes

✓ Liste mit Vorlieben, Abneigungen und Eigenheiten Ihres Hundes

verzeichnis, Ihren Tierarzt, Tierschutzvereine, Zoofachgeschäfte, Hundevereine, den Kleinanzeigenteil Ihrer Tageszeitung oder Tierzeitschriften. Auch andere Hundebesitzer, die Ihren Vierbeiner ebenfalls schon in einer Pension untergebracht haben, können Ihnen entsprechende Tipps geben. Sogar Tierheime nehmen vorübergehende Pfleglinge auf. Die Bezahlung ist hier für einen guten Zweck, denn das Geld kommt gleichzeitig dem Tierschutz zugute. Nehmen Sie sich unbedingt Zeit für die Auswahl eines geeigneten Pflegeplatzes. Sehen Sie sich vor Ort genau um, sprechen Sie ausführlich mit der zuständigen Person und vereinbaren Sie vorab am besten mehrere Treffen, damit Ihr Beagle und der vorübergehende Betreuer sich schon etwas kennenlernen. Beobachten Sie das Verhalten Ihres Vierbeiners: Fühlt er sich wohl in der neuen Umgebung? Hat er Vertrauen zu seinem möglichen Pfleger? Nehmen Sie Abstand von Hundepensionen, die nur auf Ihr Geld, nicht aber auf das Wohl Ihres Hundes aus sind. Zahlen Sie andererseits lieber mehr, wenn Ihnen der Pflegeplatz optimal erscheint.

Haben Sie einen vertrauenswürdigen Hundesitter gefunden, schließen Sie mit ihm einen Vertrag ab. Sprechen Sie eventuelle Vorlieben, Abneigungen und Eigenheiten Ihres Beagles an. Informieren Sie ihn außerdem über die gewohnten Fütterungs- und Gassigehzeiten. Gehorcht Ihr Vierbeiner nicht absolut zuverlässig, bitten Sie den Pfleger, Ihren Hund beim Spaziergang nicht abzuleinen. Alle wichtigen Informationen halten Sie für den Sitter am besten schriftlich fest. Geben Sie Ihren Beagle nicht erst am letzten Tag vor Ihrer Reise in der Betreuungsstelle ab, damit eventuelle Schwierigkeiten noch vor Ihrer Abfahrt geklärt werden können.

Vorsorge

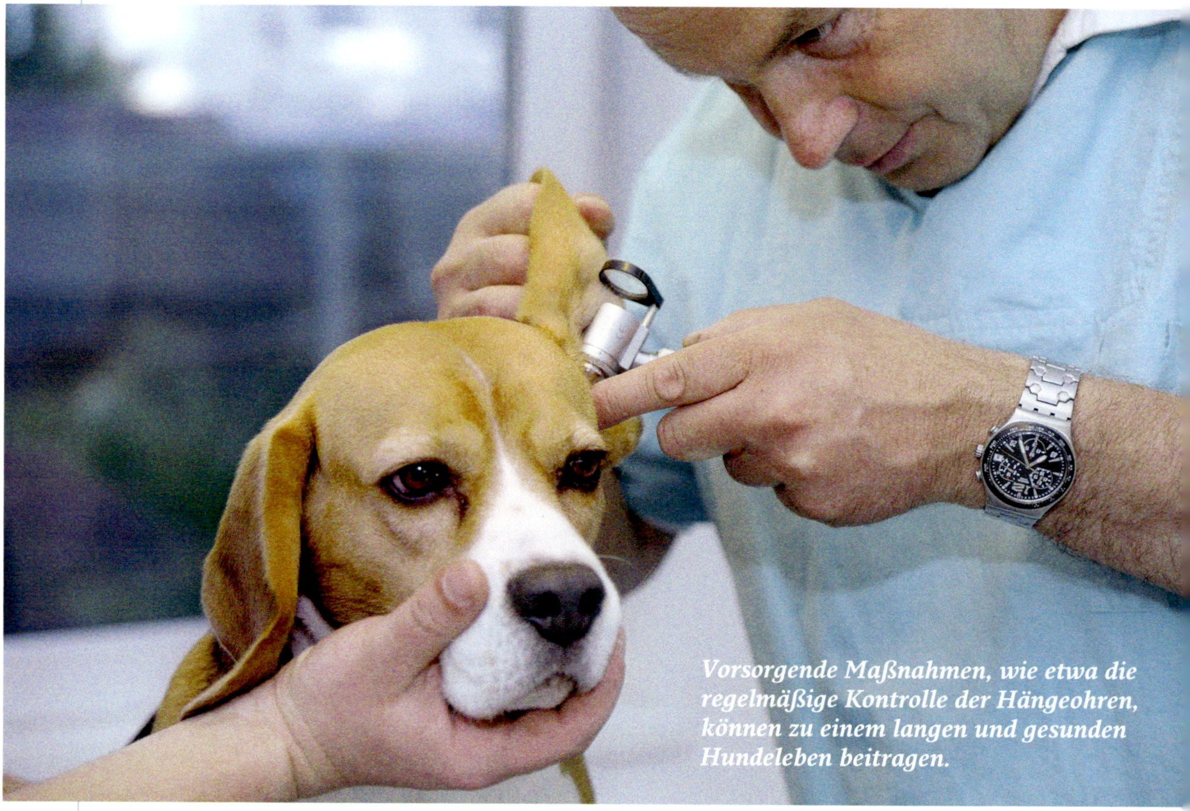

Vorsorgende Maßnahmen, wie etwa die regelmäßige Kontrolle der Hängeohren, können zu einem langen und gesunden Hundeleben beitragen.

Zusätzlich zu einer optimalen Pflege, Ernährung und Auslastung gibt es weitere vorsorgende Maßnahmen, die zu einem langen, gesunden Hundeleben beitragen. Hierzu gehören natürlich regelmäßige Entwurmungen und Impfungen (siehe Kasten). Außerdem ist ein hygienisches Umfeld wichtig: Achten Sie stets auf einen sauberen Futterplatz und gereinigte Näpfe. Waschen Sie auch das Hundebett öfters in der Maschine, damit Parasiten wie Milben oder Flöhe keine Überlebenschance haben. Suchen Sie Ihren Beagle zudem von Frühjahr bis Herbst täglich nach Zecken ab, denn diese könnten Ihren Hund beispielsweise mit Borreliose infizieren. Vor starkem Befall

Viele Faktoren spielen für die Gesunderhaltung eines Beagles eine Rolle.

Die Hausapotheke Ihren Hund

+ Eventuell nötige Dauermedikamente
+ Mittel gegen Durchfall
+ Wundspray/Desinfektionsmittel
+ Augen- und Ohrentropfen
+ Floh- und Zeckenmittel
+ Zeckenzange
+ Wurmkur
+ Schere
+ Fieberthermometer
+ Gaze, Verbandsmaterial
+ Pfotenschutzschuh
+ Vaseline gegen rissige Ballen
+ Eventuell Maulkorb
+ Rescue-Tropfen von Bach

schützen spezielle Präparate vom Tierarzt. Eine bewährte Prophylaxe gegen Krankheitsanfälligkeit ist viel Bewegung an der frischen Luft bei jedem Wetter, denn auf diese Weise härten Sie Ihren Vierbeiner ab.
Manchen gesundheitlichen Schwachstellen Ihres Hundes können Sie gut mit Alternativme-

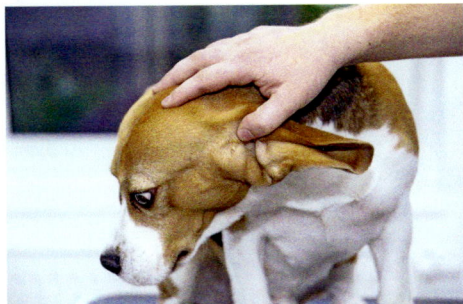

Von Frühjahr bis Herbst sollten Sie Ihren Beagle täglich nach Zecken absuchen, da diese Krankheiten wie etwa Borreliose übertragen.

Impfungen

Damit Ihr Vierbeiner vor einigen sehr gefährlichen Infektionskrankheiten geschützt ist, sind Impfungen wichtig, die bis zur Abgabe des Welpen beim Züchter durchgeführt werden müssen. Für alle weiteren Impfungen sind Sie als neues Herrchen oder Frauchen des kleinen Knirpses verantwortlich. Zwar kann auch ein geimpfter Hund noch an den diversen Erregern erkranken, der Krankheitsverlauf selbst ist dann aber nur leicht, schließlich hatte das

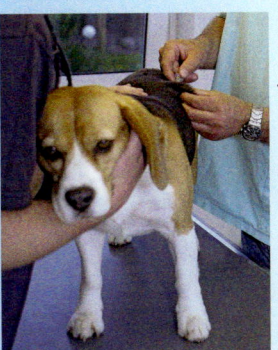

Immunsystem durch die Impfung vorab schon die Möglichkeit, sich durch die Bildung von entsprechenden Antikörpern auf die Erregerbekämpfung vorzubereiten.

Folgendes Impfschema ist angeraten:

6. bis 8. Woche *Parvovirose und Staupe*

8. Woche *Hepatitis c.c., Leptospirose und Zwingerhusten*

10. bis 12. Woche *Auffrischung Parvovirose und Staupe*

12. Woche *Auffrischung Hepatitis c.c., Leptospirose und Zwingerhusten*

ab 12. Woche *Tollwut*

Das vom VDH und Tierärzten empfohlene Impfschema empfiehlt **mit 16 Wochen eine weitere Impfung:** *Parvovirose, Staupe, Hepatitis, Leptospirose, Zwingerhusten, Tollwut*

alle ein bis drei Jahre eine Auffrischungsimpfung *Parvovirose, Staupe, Hepatitis c.c., Leptospirose, Zwingerhusten, Tollwut*

Viel Bewegung an der frischen Luft bei jedem Wetter ist eine bewährte Prophylaxe gegen Krankheitsanfälligkeit und härtet Ihren Hund zusätzlich ab.

dizin begegnen und dadurch Erkrankungen vorbeugen. Hier leistet beispielsweise die Homöopathie hervorragende Dienste. So unterstützt Echinacea wirkungsvoll ein geschwächtes Immunsystem. Bei einer schon bestehenden Erkältung können Gelsemium, Eupatorium oder Bryonia helfen und eine Verschlimmerung verhindern. Zur Verbesserung des Allgemeinbefindens wird China oder Mucosa verabreicht. Weitere wirksame Rezepte hält die Kräutermedizin parat. So tun Salbei-Tee und -Honig Ihrem Hund bei Husten gut. Auch Löwenzahn- und Spitzwegerich-Honig sind empfehlenswert. Geben Sie in der Akutphase mehrmals täglich einen Teelöffel. Anfällige, alte oder geschwächte Tiere bekommen durch Zufütterung von Vitamin-C-reichem Hagebutten- oder Holunderbeerenmus neuen Schwung. Zur allgemeinen Stärkung ist Rosmarin sehr gut geeignet. Brennnessel und Löwenzahn kurbeln den Stoffwechsel an und sorgen auf diese Weise für eine bessere Fitness.

Reiben Sie rissige Ballen mit Kamillen- oder Ringelblumensalbe ein, damit sie sich nicht entzünden. Ebenso bewährt haben sich Johanniskraut- und Lavendelöl. Behandeln Sie eine durch Schneefressen verursachte Magenreizung mit Kamillen-Tee; er wirkt entzündungshemmend und beruhigt die Schleimhaut. Legen Sie bei Bauchschmerzen warme, entspannende Kamillen-Umschläge auf den Hundebauch.

Natürlich gehört auch ein hundesicheres Zuhause zu einer umfassenden Gesundheitsvorsorge. So ist der beste Schutz vor Unfällen die Vermeidung gefährlicher Situationen. Was Sie dabei in Ihrer Wohnung und Ihrem Garten alles beachten müssen, lesen Sie im Kapitel „Welpensicheres Zuhause". Wenn Ihr Beagle nicht zuverlässig folgt, leinen Sie ihn in unsicherem Gelände nie ab – zu schnell kommt es zu einer Katastrophe. Ein wirkungsvoller Schutz vor Vergiftungen ist, Ihrem Hund schon frühzeitig beizubringen, nur auf Befehl hin zu fressen. So nimmt er auch unterwegs nichts Unerlaubtes und eventuell Gefährliches auf.

Entwurmung

Führen Sie viermal im Jahr eine Wurmkur bei Ihrem Beagle durch, um ihn vor Darmparasiten wie Band-, Rund-, Haken- und Peitschenwürmern zu schützen, mit denen er sich überall in freier Natur durch tote Wildtiere oder deren Kot infizieren kann. Möchten Sie Ihren Hund nicht routinemäßig entwurmen, sollten Sie wenigstens alle drei Monate eine Kotprobe von Ihrem Tierarzt auf Würmer untersuchen lassen, damit Sie im Falle einer Infektion schnell handeln können, schließlich ist eine Übertragung auf Menschen ebenfalls möglich.

Der Beagle gilt als eine sehr robuste, gesunde und langlebige Rasse.

Bekannte Krankheitsbilder

Je eher Sie eine Krankheit bei Ihrem Beagle erkennen, umso besser. Beobachten Sie daher Ihren Hund gut und reagieren Sie bereits bei den ersten Anzeichen einer Erkrankung. Suchen Sie frühzeitig einen Tierarzt auf, hat Ihr Vierbeiner grundsätzlich die besten Heilungschancen.

Nachfolgend stellen wir einige Krankheitsbilder vor, grundsätzlich ist der Beagle aber eine sehr robuste, gesunde und langlebige Rasse.

Hüftgelenksdysplasie (HD)

Unter der Hüftgelenksdysplasie versteht man eine Fehlentwicklung der Hüftgelenke. Hüftpfanne und Oberschenkelkopf entwickeln sich nicht passend zueinander. Weil die Pfanne zu flach, der Kopf zu klein oder nicht rund ist, umschließen sich beide Teile nicht richtig. Somit liegt zu viel Spiel dazwischen, das zu einer verstärkten Reibung und Abnutzung im Gelenk führt. Dysplasien sind überwiegend genetisch bedingte Entwicklungs- bzw. Wachstumsstörungen. Die Rassezuchtvereine in Deutschland legen auf eine sehr strenge Zuchtauswahl Wert, mit Erfolg, denn der Großteil der in deutschen Rassezuchtvereinen gezüchteten Beagles ist inzwischen HD-frei oder zeigt Übergangsformen.

In Deutschland wird die HD je nach Ausprägung in fünf Stufen eingeteilt: HD A bedeutet HD-frei, HD B ist verdächtig, HD C steht für leichte HD, HD D bedeutet mittlere und HD E schwere HD. Da die Erkrankung für den Hund zunehmend schmerzhaft ist, sind erste Anzeichen Bewegungsunlust, -vermeidung und Lahmheit der Hinterläufe.

Die medizinischen Behandlungsmöglichkeiten reichen von einer medikamentösen Schmerztherapie bis hin zu einem chirurgischen Ein-

Die HD kann den Hund in seiner Bewegungsfreiheit stark einschränken.

griff. In der Alternativmedizin zeigt die Goldakupunktur beachtliche Erfolge.

Unterstützend sind eine Ernährungsumstellung, die Vermeidung von Übergewicht und eine angemessene Bewegung (keine Ausdauer- und zusätzlich Gelenk belastenden Sportarten) hilfreich. Vorbeugend ist schon für den Welpen eine gesunde Kost mit einem Proteinanteil von höchstens 22 % wichtig, ansonsten wächst der Kleine zu schnell, was eine zusätzlich ungünstige Instabilität des Bewegungsapparates zur Folge hätte. Achten Sie außerdem auf eine nur mäßige Beanspruchung der Gelenke (kurze Spaziergänge) solange sich der Junghund noch im Wachstum befindet.

Epilepsie

Epilepsie ist eine Anfallserkrankung, die sich in Muskelkrämpfen zeigt. Sie können als Schüttelkrämpfe oder als anhaltende Muskelanspannung auftreten und sind Folge anfallsartiger, synchroner Entladungen von Neuronengruppen im Gehirn. Gleichzeitig beobachtet man häufig Bewusstlosigkeit, Halluzinationen, Verhaltens- und Wesensänderungen, Harn- oder Kotabsatz und Speicheln. Die Diagnose erfolgt

mittels einer Hirnstromkurve (EEG) oder bildgebenden Verfahren. Man unterscheidet zwischen einer primären (angeborenen) und einer sekundären (durch andere Erkrankungen erworbene) Epilepsie. Ein Anfall dauert in der Regel ein paar Minuten. Die Behandlung erfolgt als Dauertherapie mit Anti-Epileptika. Auch die Homöopathie kann hier gute Erfolge erzielen. Die Rassezuchtvereine schließen epilepsiekranke Hunde von der Zucht aus.

Ohrentzündungen

Vor allem Hunde mit Hängeohren wie der Beagle sind anfällig für Ohrentzündungen, da das herabhängende Ohr nicht so gut belüftet wird wie ein Stehohr. Entzündungen des Gehörgangs können durch Bakterien, Pilze und Parasiten entstehen. Daher ist eine ständige Kontrolle und gegebenenfalls Reinigung der Ohren unerlässlich. Auch Fütterungsfehler, ein gestörter Hormonhaushalt (z. B. als Folge von Hormonspritzen zur Unterdrückung der Läufigkeit) sowie Stoffwechselstörungen zeigen sich häufig in einer Gehörgangsentzündung. Anzeichen sind häufiges Schiefhalten und Schütteln des Kopfes sowie ein ständiger Juckreiz. Der Hund hat Schmerzen und wird bei Berührung des Ohres winseln. In schweren Fällen stellt sich ein flüssiger bis eitriger Ausfluss ein, der übel riecht. Eine Ohrentzündung bedarf unbedingt der tierärztlichen Behandlung, ansonsten kann sie zu irreparablen Schäden bis hin zur Taubheit führen. Mit entspre-

Die langen Hängeohren des Beagles sind anfällig für Ohrentzündungen. Sie bedürfen einer regelmäßigen Reinigung.

chenden Reinigern und eventuellen entzündungshemmenden Medikamenten bekommt man diese Erkrankung jedoch gut in den Griff.

Bindehautentzündung

Manche Beagles neigen zu unangenehmen Bindehautentzündungen. Mögliche Ursachen sind Zugluft, starker Wind oder Pollenflug. Die Bindehaut zeigt sich gerötet, das Auge selbst tränt und kann auch verkleben. Die Behandlung erfolgt mit einer entsprechenden Salbe oder Tropfen vom Tierarzt.

In seltenen Fällen spricht eine Bindehautentzündung nicht auf die üblichen Medikamente an. Dann ist eine spezielle Augenuntersuchung notwendig, um andere Ursachen für die Entzündung abzuklären (fehlstehende Wimpern = Distisiasis, zu trockene Hornhaut = Keratitis sicca).

Ektropium

Bei einem Ektropium rollt sich das Lid nach außen. Es entsteht ein sogenanntes Hängelid. Da ein Ektropium den Abfluss der Tränenflüssigkeit nicht gewährleistet und die Lider ihre Schutzfunktion für das Auge nicht wahrnehmen können, hat diese Erkrankung häufig eine chronische Binde- oder Hornhautentzündung

Manche Beagles haben empfindliche Augen.

Notfall-Set

+ Elastische Mullbinden
+ Sterile Gaze
+ Selbstklebende Verbände
+ Watte
+ Pflasterrolle
+ Verbandsschere
+ Wunddesinfektionsmittel
+ Antiseptisches Puder
+ Brand- und Antihistamin-Salbe (vom Tierarzt)
+ Heparin-Salbe (vom Tierarzt)
+ Traumeel Salbe
+ Digitales Fieberthermometer
+ Taschenlampe
+ Decke
+ Eventuell Maulkorb
+ Ersatzleine
+ Einmalhandschuhe

zur Folge. Das Ektropium kann operativ korrigiert werden.

Entropium

Unter Entropium versteht man das Einrollen des freien Lidrandes nach innen. Meist ist das Unterlid betroffen. Das Einwärtsrollen der Lidränder hat ein ständiges Reiben der Fellhaare auf dem Auge zur Folge. Dies führt zu chronisch tränenden Augen, Zukneifen und Blinzeln aufgrund der Schmerzhaftigkeit sowie zu Binde- und Hornhautentzündungen. Häufig entsteht durch die starke Reizung ein Loch in der Hornhaut. Die Behandlung eines Entropium erfolgt operativ. Unbehandelt kann diese Erkrankung sogar zum Verlust des Auges führen.

Alternative Heilmethoden

In der Natur-heilkunde werden die Hunde ganz-heitlich behandelt.

Auch im tiertherapeutischen Sektor sind alternative Heilmethoden zunehmend im Kommen. Bei manchen Krankheiten kann eine schulmedizinische Behandlung häufig völlig durch alternative Verfahren ersetzt werden. Meist dauert solch eine Therapie zwar länger, andererseits ist sie jedoch deutlich nebenwirkungsärmer. Bei chronischen Erkrankungen hat sich der Einsatz alternativer Heilmethoden ebenfalls bewährt. In schweren Krankheitsfällen können natürliche Verfahren mit der Schulmedizin kombiniert werden und so zusätzliche Linderung verschaffen. Im Folgenden stellen wir Ihnen einige bewährte Heilmethoden vor.

Homöopathie

Die Homöopathie, die von dem Arzt Samuel Hahnemann (1755–1843) begründet wurde, betrachtet den Menschen bzw. das Tier als Ganzes. Hier spielt nicht nur das akute körperliche Symptom eine Rolle, sondern die gesamte Persönlichkeit des Tieres mit all ihren körperlichen und seelischen Eigenheiten. Um das passende Mittel zu finden, sind also neben dem Leitsymptom auch der Wesenstyp, die Entstehung der Krankheit, der augenblickliche Zustand und weitere Besonderheiten des Patienten zu beachten. Dabei gilt der Grundsatz: Ähnliches ist mit Ähnlichem zu heilen. Homöopathika stammen überwiegend aus dem Pflanzenreich; man verwendet aber auch Mineralien, Stoffe aus dem Tierreich, Metalle und Nosoden. Mithilfe von Wasser, Alkohol oder Milchzucker entstehen aus den natürlichen Stoffen Ursubstanzen. Diese Ursubstanzen werden nach den Angaben Hahnemanns durch entsprechende Verdünnungen zu Dezimalpotenzen (z. B. D-, C-, LM-Potenzen) verarbeitet, die der Therapeut schließlich je nach Schweregrad der Erkrankung zur Behandlung einsetzt. Homöopathische Arzneimittel gibt es als Tropfen, Tabletten, Globuli (Streukügelchen) oder Injektionslösungen. Neben den reinen Substanzen sind auch etliche homöopathische Mischpräparate erhältlich.

Phytotherapie

Unter Phytotherapie oder Pflanzenheilkunde versteht man die Lehre der Verwendung von Heilpflanzen als Medikament. Sie gehört zu den ältesten medizinischen Therapien und ist auf der ganzen Welt in allen Kulturen verbreitet. Zum Einsatz kommen dabei ganze Pflanzen und deren Teile (Blüten, Blätter, Wurzel), die auf verschiedene Weise (z. B. als Frischkraut, Aufguss, Auskochung, Kaltwasserauszug und Pulverisierung) zu einem Medikament verarbeitet werden. Meist verwendet der Phytotherapeut Stoffgemische, die sich bereits als gut wirksam bewährt haben. Auch die Homöopathie nutzt auf pflanzlicher Ebene die Erkenntnisse der Phytotherapie.

Hunde sprechen auf den Einsatz von Heilpflanzen ausgesprochen gut an. Die Phytotherapie gehört zu den ältesten medizinischen Therapien der Welt.

Akupunktur

Die Akupunktur ist ein Teilgebiet der Traditionellen Chinesischen Medizin (TCM). Man geht hier von über 300 Akupunkturpunkten aus, die auf verschiedenen Meridianen (= Energiebahnen) des Körpers angeordnet sind. Durch das Einstechen von speziellen Akupunkturnadeln erwärmen sich die gestochenen Punkte und bringen das Qi (= Lebensenergie) wieder in einen intakten Fluss. Die Akupunktur gehört zu den Umsteuerungs- und Regulationstherapien. Eine Sitzung dauert ca. 20 bis 30 Minuten. Der Patient wird dabei ruhig und entspannt gelagert. Eine komplette Therapie umfasst in der Regel 10 bis 15 Sitzungen. Die Akupunktur hat sich vor allem bei Schmerzpatienten bewährt. Für Hunde mit HD oder anderen Gelenkproblemen ist dies oft die letzte Chance, schmerzfrei zu werden. Eine Spezialform der Akupunktur ist die Goldakupunktur – dabei werden kleine Goldkügelchen minimalinvasiv unter Narkose in bestimmte Akupunkturpunkte eingesetzt. Diese Goldkugeln

In der Homöopathie spielt neben dem körperlichen Symptom auch das seelische Befinden eine Rolle.

Die Akupunktur hat sich vor allem bei Schmerzpatienten bewährt.

bewirken eine Dauerakupunktur. Die Schmerzleitung wird dadurch gehemmt und das Tier läuft somit wieder beschwerdefrei. Der Eingriff ist einmalig und wirkt in der Regel ein Leben lang. Die Goldakupunktur führt nicht jeder Tierarzt durch. Voraussetzung ist eine Ausbildung sowie langjährige Erfahrung in Akupunktur, ganzheitlicher Orthopädie und Chirurgie. Tierärzte mit der Zusatzbezeichnung „Akupunktur" sind bei den einzelnen Landestierärztekammern zu erfahren.

Osteopathie

Die Osteopathie ist eine sanfte Methode, mit deren Hilfe die Selbstheilungskräfte des Körpers neu aktiviert werden. Auch der Osteotherapeut arbeitet ganzheitlich. Nach einem ausführlichen Gespräch über den Patienten und dessen Beschwerden erspürt er mit seinen Händen Körperblockaden, die er anschließend durch bestimmte Berührungstechniken auflöst (meist sind mehrere Anwendungen nötig). Auf diese Weise kommt das Körpergewebe wieder ins Gleichgewicht und alle Körperflüssigkeiten zurück in ihren natürlichen Fluss. Osteopathie wird vor allem bei Schmerzpatienten erfolgreich angewendet, wobei der Schmerz meist nur ein Symptom einer tiefer liegenden Erkrankung bzw. Blockade ist. Immer mehr Tierphysiotherapeuten bieten zusätzlich zu ihrem herkömmlichen Leistungsspektrum Osteopathie an.

Neben der Akupunktur wird auch die Osteopathie sehr erfolgreich bei der Behandlung von Schmerzpatienten eingesetzt.

Was ändert sich im Alter?

Hundesenioren gebührt besondere Aufmerksamkeit. Nach ereignisreichen Jahren des Zusammenlebens mit uns haben sie sich einen besonders schönen Lebensabend redlich verdient.

Spezielle Aufmerksamkeit gebührt Hundesenioren. Sie haben sich nach ereignisreichen Jahren des Zusammenlebens mit uns einen besonders schönen Lebensabend verdient. Ein Beagle altert zwischen dem 8. und 9. Lebensjahr. Dies macht sich nicht nur durch äußere Anzeichen wie dem zunehmenden Grauwerden um Schnauze und Augen bemerkbar, sondern auch durch bestimmte Wesensveränderungen und Alterswehwehchen. Mit der Zeit wird Ihr Beagle gelassener und ruhiger. Er hat ein höheres Schlafbedürfnis als früher, sein Bewegungsdrang nimmt allmählich ab. Häufig reagieren ältere Vierbeiner weniger flexibel auf Veränderungen. Eine verstärkte Anhänglichkeit, nächtliche Unruhe und geringeres Interesse an Artgenossen ist ebenfalls oft zu erkennen. Manche Hunde zeigen sich sogar schrullig und legen plötzlich bestimmte Marotten an den Tag, die sie vorher nicht hatten. Ursache hierfür können Verkalkungen im Gehirn sein, die eine Senilität bewirken. Nun sind mehr denn je Ihr Humor und Ihre Lockerheit gefragt. Zwar sollten Sie selbst mit einem alten Vierbeiner konsequent sein, trotzdem darf hier und da ein Augenzwinkern nicht fehlen.

Auch die Leistung der Sinnesorgane lässt allmählich nach: Ihr Beagle hört, sieht und riecht nun schlechter als früher. Viele Hunde zeigen außerdem eine erhöhte Neigung zu Übergewicht. Um den gefährlichen Folgen des Dickwerdens wie Gelenkschäden oder Herz-Kreislauf-Störungen vorzubeugen, ist eine altersangepasste Ernährung nötig.

Trotz aller Veränderungen ist es wichtig, dass Sie Ihren vierbeinigen Senior nicht als alt, senil und „unbrauchbar" abstempeln!

Der richtige Umgang

Wer rastet, der rostet

Fühlt sich Ihr Beagle abgeschoben und nicht mehr, seiner Fitness angemessen, gefordert, altert er schneller. „Wer rastet, der rostet" gilt

Erklären Sie Ihren Kindern, dass ein älterer Hund ein erhöhtes Ruhebedürfnis hat, das die Kleinen auch respektieren müssen.

Fitmacher „Spielen"

Fordert Ihr vierbeiniger „Rentner" Sie noch zum Spielen auf, machen Sie ihm die Freude und gehen Sie darauf ein; so fühlt er sich wichtig und dazugehörig. Respektieren Sie allerdings die Tatsache, dass ältere Hunde schneller die Lust am Spielen verlieren als Jungspunde. An manchen Tagen ist Ihr betagter Freund vielleicht überhaupt nicht zum Spielen aufgelegt. Möchte Ihr Senior von heute auf morgen nicht mehr spielen, lassen Sie ihn vom Tierarzt untersuchen, denn eventuell verdirbt ihm ein akutes gesundheitliches Problem den Spaß.

Möchte Ihr Senior noch mit Ihnen spielen, machen Sie ihm die Freude und gehen Sie auf seine Spielaufforderung ein.

also auch für alte Hunde, daher ist körperliche Aktivität besonders wichtig. Sie bringt nicht nur den Kreislauf in Schwung, auch Muskeln und Gelenke bleiben beweglich. Ebenso wird die Durchblutung aller Organe angeregt und eine optimale Sauerstoffversorgung gewährleistet. Der zusätzliche Abbau von Stresshormonen führt zu ausgeglichener Zufriedenheit. Art und Umfang der Bewegung sollten Sie nach den Bedürfnissen, der Fitness und der allgemeinen, bis dahin erworbenen Kondition Ihres Beagles ausrichten. Gehen Sie sensibel auf den Aktivitätsdrang Ihres Vierbeiners ein; beobachten Sie ihn gut und überfordern Sie ihn nicht. Ein Spaziergang, auf dem Ihr bellender Senior über sein Tempo und eventuelle Toberunden selber bestimmen darf, ist besser als eine Joggingrunde, bei der Ihr alter Freund nur mühsam Schritt halten kann. War Ihr Rentnerhund sein Leben lang eifriger Agility-Sportler, hat er bei entsprechender körperlicher Verfassung auch noch im Alter Spaß daran, einen Parcours mit niedrigeren Hindernissen zu überqueren. Untrainierte Vierbeiner sollten Sie jedoch nicht von heute auf morgen anstrengenden, ungewohnten Aktivitäten aussetzen. Jagdlich geführte Beagles sind noch im Rentenalter für gemeinsame Pirschgänge im Revier zu begeistern.

Bei Spaziergängen ist Regelmäßigkeit und Gleichmäßigkeit sehr wichtig, das heißt: Gehen Sie mit einem alten Beagle lieber mehr-

Ein älterer Beagle kann auch noch an Fahrradtouren teilnehmen – und zwar gemütlich im Anhänger. Kurze Laufstrecken zwischendurch sind jederzeit möglich.

mals täglich eine halbe Stunde spazieren als einmal am Tag ganz lang. Diese Kontinuität sollten Sie auch am Wochenende und im Urlaub beibehalten, damit der Grad der Belastung einheitlich bleibt. Achten Sie außerdem darauf, dass Ihr Senior vor einer Übungseinheit auf dem Hundeplatz, einer Toberunde mit Artgenossen oder einer kleinen Fahrradtour genügend aufgewärmt ist. Ein unvorbereiteter Kaltstart belastet Herz, Kreislauf, Muskeln, Bänder und Gelenke zu stark. Führen Sie Ihren Beagle lieber erst in gleichmäßigem Schritttempo an der Leine spazieren, ehe er sich richtig auspowern darf. Im Anschluss an eine sportliche Betätigung sollte Ihr Senior ebenfalls in ruhigem Tempo wieder abkühlen können.

Angemessene Bewegung für Seniorenhunde

Damit Gelenke, Muskeln und Bänder geschont werden, ist eine gleich bleibende Bewegungsabfolge empfehlenswerter als beispielsweise ein wildes Ballspiel, bei dem der Hund abrupt starten und wieder abbremsen muss.

Extrem Kreislauf belastend sind hohe, schwüle Sommertemperaturen. Verlegen Sie Spaziergänge und sportliche Aktivitäten mit Ihrem wedelnden Rentner an solchen Tagen also lieber auf die kühlen Morgen- und Abendstunden.

Auch noch im Rentenalter sind jagdlich geführte Beagles für gemeinsame Pirschgänge im Revier zu begeistern.

Nach wie vor ein toller Sommersport für alte Beagles ist Schwimmen. Der dabei ausgeführte gleichmäßige Bewegungsablauf schont den Kreislauf und die Gelenke. Hier kann Ihr Beagle auch sein Tempo und das Maß der Bewegung gut selbst bestimmen. Nichtschwimmer plantschen vielleicht lieber à la Kneipp. Nutzen Sie in der warmen Jahreszeit also jeden Bach oder Teich, an dem sie vorbeikommen. Rubbeln Sie einen empfindlichen Hund an kühlen Tagen jedoch unbedingt gut trocken, denn Nässe und Wind führen schnell zu einer gefährlichen Lungenentzündung oder einem schmerzhaften Rheumaschub. Für die kalten Wintermonate gibt es inzwischen schon vereinzelt Hundeschwimmbäder. Diese sind in der Regel einer Praxis für Tierphysiotherapie angeschlossen.

Leidet Ihr Vierbeiner bereits unter körperlichen Beschwerden, müssen Sie ihn dennoch nicht völlig ruhig stellen. Bei etlichen chronischen Erkrankungen trägt ein individuell abgestimmtes Mobilitätsprogramm oft sogar zur Besserung bei. In der Akutphase kann allerdings vorübergehende Ruhe nötig sein. Am besten besprechen Sie sich in einem solchen Fall mit Ihrem Tierarzt. Er klärt Sie je nach Art und Schwere des Leidens Ihres Beagles darüber

Beim Gassigehen sollten Sie Ihren Vierbeiner das Tempo bestimmen lassen.

auf, welche Bewegungen erlaubt und welche verboten sind. Bei Krankheiten des Bewegungsapparates hilft auch eine gezielte Physiotherapie.

Beschäftigungstipps für Seniorhunde

Etliche Hunde spielen noch bis ins hohe Alter, meist zwar nicht mehr mit Artgenossen, dafür aber in kurzen Sequenzen mit Herrchen oder Frauchen. Spielen macht dann nicht nur Spaß, sondern hat für ältere Vierbeiner sogar einen therapeutischen Nutzen: Es bedeutet Ablenkung von kleineren Alterswehwehchen sowie Stärkung des altersmäßig häufig angeknacksten Selbstbewusstseins, denn der Senior steht plötzlich wieder ganz im Mittelpunkt und erhält viel Lob, das zu neuem Stolz verhilft. Viele

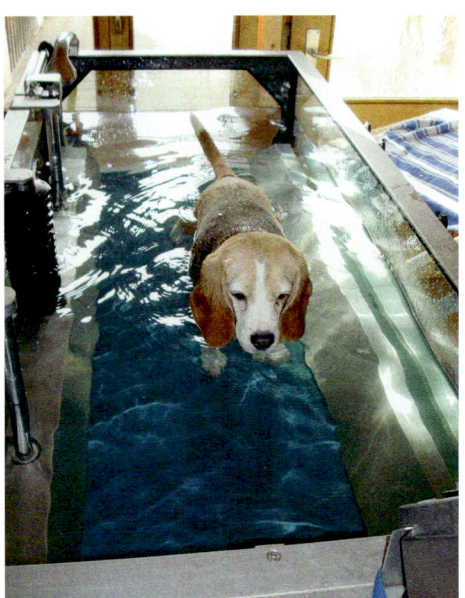

Gezielte Physiotherapie kann bei Krankheiten des Bewegungsapparates helfen, beispielsweise auf einem Unterwasserlaufband.

Allroundhelfer „Spaziergang"

Regelmäßiges Spazierengehen ist für alte Hunde toll und sehr wichtig. Der Vierbeiner kann hier sein Tempo selbst bestimmen. Die Bewegungsabläufe sind in der Regel gleichmäßig. Außerdem hält ein Gang an der frischen Luft viele Sinneseindrücke parat: Ihr Senior hat Kontakt zu Artgenossen und zu anderen Menschen. Zudem nimmt er unterschiedliche Gerüche wahr („Zeitung lesen"). Und: Die Bewegung draußen bei jedem Wetter stärkt das Immunsystem. Ein Spaziergang wird abwechslungsreicher, wenn Sie unterwegs kleine Spielchen oder Gehorsamkeitsübungen einstreuen. Nehmen Sie es Ihrem Rentner aber nicht krumm, wenn er mal einen schlechteren Tag und somit keine Lust auf Gaudi hat. Stecken Sie zur Belohnung immer die Lieblingsleckerlis Ihres bellenden Freundes ein. Auch die regelmäßige Verabredung mit anderen Hundebesitzern macht die tägliche Bewegung kurzweiliger.

Graue Schnauzen fallen durch ein lustiges Spiel sogar regelrecht in einen Jungbrunnen. Und: Hunde, die ihr Leben lang spielerisch gefordert wurden, bleiben generell länger fit und gesund. Selbstverständlich verlangt das Spielen mit älteren Vierbeinern erhöhte Rücksichtnahme auf den aktuellen Gesundheitszustand sowie die bis dahin erworbene Kondition. Ein Hund, der unter Arthrose leidet, sollte beispielsweise keine Hindernisse überspringen, kann dafür aber noch leichte Gegenstände apportieren oder eine Fährte erschnüffeln. Diverse Zipperlein sind also noch kein Grund, generell auf Spiel und Spaß zu verzichten. Mit etwas Fantasie, viel Einfühlungsvermögen und Humor findet man genügend Möglichkeiten, auch einen Seniorhund alters angemessen zu fordern.

🐕 *Haben Sie einen alternden, aber noch fitten Sportler im Haus, lassen Sie ihn über niedrige Hürden oder durch einen höhenverstellbaren Reifen springen. Letzterer lässt sich problemlos aus einem Fahrradreifen, der in einen Skistock eingefädelt ist, selbst bauen.*

🐕 *Apportieren steht bei vielen älteren Freaks noch hoch im Kurs. Mit Rücksicht auf den schon abgenützten Bewegungsapparat des Hundes sollten die zu bringenden Gegenstände allerdings wenig wiegen. Ansonsten sind Ihrer Fantasie kaum Grenzen gesetzt: ob Plastikgießkanne, Zeitung oder Hausschuhe, Ihr bellender Gentleman wird Sie sicherlich nicht enttäuschen.*

🐕 *Bieten Sie Ihrem vierbeinigen Rentner außerdem Schnüffelspiele an, die seine Sinne und die Konzentrationsfähigkeit fördern. Da die Riechleistung im Alter abnimmt, sind stark duftende „Lockstoffe" wie getrockneter Pansen empfehlenswert, mit dem Sie beispielsweise eine Fährte durch den Garten legen können. Immer wieder beliebt ist auch das Hüt-*

Ein in der Höhe verstellbarer Reifen lässt sich problemlos aus einem Fahrradreifen, der in einen Skistock eingefädelt ist, selbst bauen.

119

Das Apportieren leichter Gegenstände ist bei den meisten älteren Vierbeinern noch sehr beliebt.

chenspiel: Stellen Sie drei umgedrehte Plastikblumentöpfe in etwas Abstand nebeneinander auf. Unter einen Topf legen Sie vor den Augen Ihres Vierbeiners ein Leckerchen. Nun vertauschen Sie mehrmals durch Verschieben die Plätze der „Hütchen". Anschließend muss Ihr Senior die Leckerei finden.

 Beherrscht Ihr Beagle Kunststückchen, fragen Sie diese immer wieder ab, denn das hält geistig fit. Hunde, die hier über Jahre hinweg trainiert wurden, lernen selbst noch im Alter problemlos neue Tricks. Aber auch für eher ungeübte Rentner ist eine Neueinstudierung leichter Übungen wie Pfotegeben oder „Sich-schlafend-Stellen" machbar und sinnvoll, denn durch Kopfarbeit bleiben ergraute Schnauzen deutlich länger jung. Selbst die wiederholte Abfrage des Grundgehorsams ist für alte Hunde eine wichtige Bestätigung.

Das gemeinsame Spielen mit einem Seniorhund bringt nicht nur viel Spaß und neue Lebensfreude, sondern schweißt Sie noch enger zu einem tollen Team zusammen. Nützen Sie die Zeit miteinander so lange es geht!

Pflege und Wellness

Richtig verwöhnen können Sie Ihren vierbeinigen Liebling mit einigen Anwendungen aus dem Wellnessbereich. So wird durch eine entspannende Bürstenmassage beispielsweise nicht nur abgestorbenes Haar herausgekämmt, sondern auch die vermehrte Durchblutung der Haut angeregt. Intensives Streicheln wirkt ebenfalls wie eine angenehme, vitalisierende Massage. Massieren Sie Ihren Beagle sanft mit kreisförmigen Bewegungen. Lockernd wirkt ein leichtes Kneten und Rollen von Haut und Muskeln. Die Aromatherapie kann Hundesenioren zu neuer Energie verhelfen: Sie stärkt den Kreislauf, aktiviert die Abwehrkräfte und fördert die seelische Ausgeglichenheit. Außerdem wird ihr eine besonders erfrischende Wirkung nachgesagt. Geben Sie einige Tropfen der ätherischen Öle entweder in eine Duftlampe, in ein Kräu-

Das Hütchenspiel ist auch für ältere Supernasen noch ein großer Spaß.

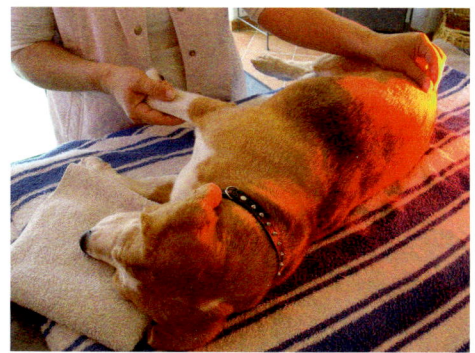

Tierphysiotherapeuten bieten gerade für ältere Hunde entspannende Massagen unter einer wärmenden Rotlichtlampe an.

überflüssig. Die Akupressur ist eine Abwandlung der Akupunktur; hier ersetzen die Berührung und der Druck der Finger die Nadeln. Dies wirkt sich nicht nur sehr positiv und entspannend auf den Körper aus, sondern auch auf die Seele des Vierbeiners.

Einfache Hausmittel tun Ihrem Hundesenior ebenfalls gut. Leidet Ihr Beagle beispielsweise an Rheuma, legen Sie eine Wärmflasche oder ein erwärmtes Dinkel- oder Kirschkernkissen tersäckchen oder direkt auf den Liegeplatz des Hundes, allerdings sehr sparsam dosiert, damit die feine Hundenase den Geruch nicht als störend empfindet. Für ältere Vierbeiner sind besonders Lavendel, Zitrone, Grapefruit, Orange, Geranium und Muskatellersalbei empfehlenswert, denn sie haben auf den gesamten Organismus eine stärkende und aufbauende Wirkung.

Mit alternativen Heilmethoden zu neuer Lebensqualität

Bei einigen Altersbeschwerden können Hunden unterschiedliche Verfahren aus der Naturheilkunde helfen. So hält die Homöopathie mit Präparaten wie Echinacea zur Stärkung der Abwehrkräfte, Crataegus zur Anregung und Stabilisierung der Herztätigkeit und Vermiculite gegen Zahnstein und Zahnfleischentzündungen bewährte Mittel bereit. Bachblüten helfen bei Tieren mit altersbedingten Wesensveränderungen. Um das richtige Präparat für Ihren Hund zu finden, besprechen Sie sich am besten mit einem naturheilkundlich erfahrenen Tierarzt. In der Schmerztherapie erzielt die Akupunktur sehr gute Erfolge. Schmerzmittel lassen sich dadurch meist deutlich reduzieren, manchmal werden sie sogar gänzlich

Physiotherapie für daheim

ⓘ *Lassen Sie Ihren Hund abwechselnd Pfötchen geben: dies löst Verspannungen im Schulterbereich und stärkt gleichzeitig die Muskulatur.*

ⓘ *Ein mehrmaliges „Sitz" und „Steh" im Wechsel entspricht den menschlichen Kniebeugen. Dadurch wird mehr Muskulatur in der Hinterhand aufgebaut.*

ⓘ *Pumpen Sie eine stoffbezogene Luftmatratze nicht ganz prall auf. Nun stellen Sie sich und Ihren Hund darauf und treten leicht auf der Stelle. Diese flexible Unterlage fördert den Gleichgewichtssinn Ihres Beagles und wirkt muskelaufbauend.*

ⓘ *Ein Slalom durch Ihre Beine ist für Ihren Vierbeiner eine gute Dehnübung, da sich der gesamte Hundekörper dabei beidseitig leicht u-förmig dehnt.*

ⓘ *Ein kleiner Cavaletti-Lauf fördert die Konzentration, die Koordination und den Aufbau der Beinmuskulatur. Legen Sie hierfür eine Leiter oder einige Besenstiele etwas erhöht auf den Boden und achten Sie darauf, dass Ihr bellender Gefährte ganz exakt eine Pfote nach der anderen in die Sprossenzwischenräume setzt.*

Bitte vergessen Sie bei all diesen Übungen nicht ausgiebiges Loben und Leckerlis zur Belohnung, schließlich soll auch eine Physiotherapie Spaß machen!

Abwechselndes Pfötchen geben löst Verspannungen im Schulterbereich und stärkt zugleich die Muskulatur Ihres Hundes.

in den Hundekorb. Ein auf diese Weise vorgewärmtes Körbchen wirkt sich auch bei Hunden mit Gelenk- oder Rückenproblemen sehr positiv aus. Bekommt Ihr bellender Senior nach einer längeren Wanderung Muskelkater, schaffen Einreibungen und Umschläge mit Arnikasalbe oder verdünnter -tinktur Erleich-

Ganz exakt setzt der Hund Pfote für Pfote zwischen die Leitersprossen. Das fördert nicht nur die Beinmuskulatur, sondern auch die Konzentration.

terung. In der kalten Jahreszeit bewährt sich diese Behandlung ebenfalls bei älteren Hunden mit rheumatischen Muskel- oder Gelenkbeschwerden.

Ein weiteres sehr breites Heilungsspektrum bietet die Physiotherapie, die neben spezieller Krankengymnastik diverse Wasser-, Massage- und Magnetfeldtherapien beinhaltet. Lassen Sie also Ihren vierbeinigen Senior im Fall der Fälle neben dem eigenen Verwöhnprogramm auch von den therapeutischen Fortschritten der Tiermedizin profitieren. Er hat es sich nach Jahren treuer Freundschaft redlich verdient!

Ernährung

Natürlich darf eine dem Alter entsprechend angepasste Ernährung nicht fehlen. Stellen Sie Ihren Beagle langsam auf eine leichtere, energieärmere

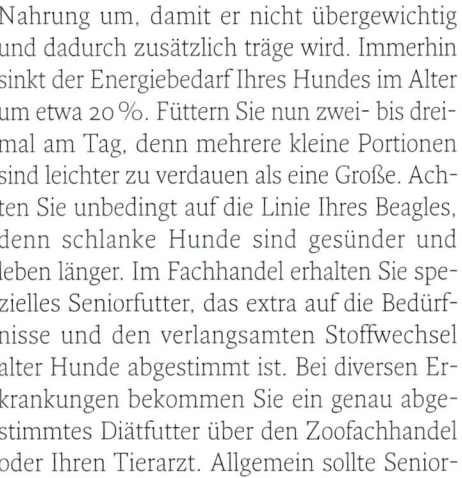

Nahrung um, damit er nicht übergewichtig und dadurch zusätzlich träge wird. Immerhin sinkt der Energiebedarf Ihres Hundes im Alter um etwa 20 %. Füttern Sie nun zwei- bis dreimal am Tag, denn mehrere kleine Portionen sind leichter zu verdauen als eine Große. Achten Sie unbedingt auf die Linie Ihres Beagles, denn schlanke Hunde sind gesünder und leben länger. Im Fachhandel erhalten Sie spezielles Seniorfutter, das extra auf die Bedürfnisse und den verlangsamten Stoffwechsel alter Hunde abgestimmt ist. Bei diversen Erkrankungen bekommen Sie ein genau abgestimmtes Diätfutter über den Zoofachhandel oder Ihren Tierarzt. Allgemein sollte Seniorfutter besonders schmackhaft und hochverdaulich sein. Geben Sie keine Nahrungsergänzungsmittel (Vitamine, Mineralstoffe), ohne es vorher mit Ihrem Tierarzt abgesprochen zu haben, denn auch Vitamine oder Mineralien können überdosiert

Pflege-Tipps für Seniorhunde

✓ Regelmäßige Zahnkontrolle sowie Zähneputzen sind empfehlenswert, denn Prophylaxe schützt wirksam vor vielen Zahnproblemen.

✓ Bürsten Sie Ihren Beagle einmal in der Woche.

✓ Kontrollieren Sie regelmäßig die Haut auf Veränderungen, eventuelle Liegeschwielen und die Krallen.

✓ Tasten Sie Ihren Senior wöchentlich nach eventuellen Veränderungen ab.

✓ Entwurmen Sie auch den älteren Beagle alle drei bis vier Monate.

✓ Reinigen Sie regelmäßig Augen, Ohren, Scham bzw. Penis.

✓ Rauchen Sie nicht in der Gegenwart Ihres Hundes, denn Passivrauchen beschleunigt den Alterungsprozess.

✓ Geben Sie Ihrem Vierbeiner einen warmen, weichen und vor Zugluft geschützten Schlafplatz, denn Sie hygienisch sauber halten.

✓ Gehen Sie ein- bis zweimal im Jahr zur Altersvorsorgeuntersuchung zu Ihrem Tierarzt.

schaden. Täglich frisches Trinkwasser darf natürlich nicht fehlen. Hat Ihr Hund deutlich weniger Durst, stellen Sie ihn auf Nassfutter (Dosenfutter) um oder mischen Sie seinem herkömmlichen Futter zusätzlich Wasser bei, damit er nach wie vor ausreichend mit Flüssigkeit versorgt wird.

Stecken Sie Ihrem Vierbeiner keine Süßigkeiten und Essensreste zu; dies wäre falsch verstandenes Verwöhnen und schadet älteren Hunden besonders. Belohnen Sie nur mit echten Hundeleckerlis. Inzwischen gibt es sogar schon Leckereien in Senior- oder Lightqualität.

Die meisten Beagles haben einfach immer Hunger. Gerade bei dem Senior ist es aber doppelt wichtig, genau auf sein Gewicht zu achten!

Abschied

Leider währt ein Hundeleben nicht ewig und so ist auch irgendwann nach Jahren des gemeinsamen Zusammenlebens die Zeit des Abschieds gekommen. Manche Senioren schlafen einfach friedlich ein. Häufig jedoch wird der Hundebesitzer in die verantwortungsvolle Pflicht genommen, über Leben und Tod des Hundes selbst zu entscheiden. Wenn Ihr Beagle leidet, ihm das Leben zur Qual wird, weil selbst die Tiermedizin an ihre Grenzen kommt und ihm seine Schmerzen nicht mehr nehmen kann, ist es an der Zeit, ihn von seinem Leiden zu erlösen. Viele Tierärzte kommen hierfür auch zu Ihnen nach Hause, damit dem gebrechlichen Vierbeiner weiterer Stress durch einen unnötigen Transport er-

Geben Sie irgendwann – wenn Sie es möchten – einem neuen Hund eine Chance.

Der Abschied von dem geliebten Hund, der einen so viele Jahre treu begleitet hat, ist besonders schwer.

Tierbestattungen

Adressen von Tierfriedhöfen und -krematorien in Ihrer Nähe bekommen Sie über den Bundesverband der Tierbestatter e. V.:
www.tierbestatter-bundesverband.de
Eventuell können Ihnen aber auch Ihr Tierarzt oder der örtliche Tierschutzverein weiterhelfen.

spart bleibt und er in seiner gewohnten Umgebung ruhig und würdevoll für immer einschlafen darf.

Der Abschied von Ihrem langjährigen, treuen Begleiter ist natürlich mit großer Trauer verbunden. Haben Sie sich jedoch sein Hundeleben lang auf seine Bedürfnisse eingestellt und waren Sie in guten wie in schlechten Zeiten für ihn da, ist die Gewissheit eines erfüllten, tollen Hundelebens, das Ihr Beagle bei Ihnen hatte, vielleicht ein kleiner Trost. Da die Trauer um einen geliebten Vierbeiner nicht zu unterschätzen ist, gibt es inzwischen in vielen Orten Tierfriedhöfe oder -krematorien, die durch einen ganz bewussten Abschied und einen festen Ort der Trauer, den man jederzeit besuchen kann, die Trauerarbeit und das Loslassen erleichtern.

Natürlich wird Ihr verstorbener Beagle unersetzlich bleiben, trotzdem stellt sich Ihnen nach einiger Zeit vielleicht wieder die Frage nach einem neuen Hund. Stimmen auch dann noch alle Voraussetzungen für eine Anschaffung, ehren Sie das Andenken an Ihren Vierbeiner, indem Sie sich einen neuen Beagle anschaffen. Doch machen Sie nicht den Fehler, ihn mit Ihrem vorigen Hund zu vergleichen. Jeder Beagle ist absolut einmalig und auf seine ganz eigene Weise liebenswert.

Hilfreiche Adressen und Links

Rassezuchtvereine Deutschland

Beagle Club Deutschland e.V. (BCD)
Elke Budde-Eichhorn
(Welpenvermittlung)
Friedhofstraße 14
51371 Leverkusen
Tel/Fax: 0700-23 24 53 25 82
welpen@beagleclub.de
www.beagleclub.de

Verein Jagdbeagle e.V. (VJB)
Gabi und Robert Zurl (Welpen-
vermittlung und Geschäftsstelle;
Abgabe nur an Jäger)
Giethgasse 44
50129 Bergheim
Tel: 02238-30 31 73
Fax: 02238-30 31 74
jagdbeagle@aol.com
www.jagd-beagle.de

Österreich

Austrian Beagle Club (ABC)
Friderike Grünke (Welpenver-
mittlung und Geschäftsstelle)
Kleistgasse 7/12
A-1030 Wien
Tel/Fax: 0043-(0)1-798 61 74
geschaeftsstelle@beagleclub.at
www.beagleclub.at

Schweiz

Beagle Club Schweiz
Edda Rutschmann
(Welpenvermittlung)
Püntenstrasse 1
CH-8404 Winterthur
Tel: 0041-(0)52-242 45 90
www.beagleclub.ch

Laborhunde- und Notvermittlungsstellen

Laborbeaglehilfe
www.laborbeaglehilfe.de

IG Tiere in Not
www.versuchstiere.de ,
www.laborbeagle.eu

Beagle entlaufen, Beagle in Not
www.beagle-entlaufen.de

**Wissenswertes über Labor-
hunde, deren Aufnahme und
Beschäftigung**
www.laborbeagle.de

Kynologenverbände

Verband für das Deutsche Hundewesen (VDH)
Westfalendamm 174
(Geschäftsstelle)
D-44141 Dortmund
Tel: 0231-565 00-0
Fax: 0231-59 24 40
www.vdh.de

Österreichischer Kynologenverband (ÖKV)
Siegfried-Marcus-Str. 7
(Geschäftsstelle)
A-2362 Biedermannsdorf
Tel: 0043-(0)2236-71 06 67
Fax: 0043-(0)02236-71 06 67-30
www.oekv.at

Schweizerische Kynologische Gesellschaft (SKG)
Brunnmattstrasse 24
(Geschäftsstelle)
CH-3007 Bern
Tel: 0041-(0)31-306 62 62
Fax: 0041-(0)31-306 62 60
www.hundeweb.org

Haustierregister

Deutscher Tierschutzbund e.V.
Baumschulallee 15
(Geschäftsstelle)
53115 Bonn
Tel: 0228-60 49 60
Fax: 0228-60 49 640
www.tierschutzbund.de

TASSO e.V.
Haustierzentralregister
Frankfurter Straße 20
65795 Hattersheim
Tel: 06190-93 73 00
Fax: 06190-93 74 00
www.tiernotruf.org

Internationale Zentrale Tierregistrierung (IFTA)
Nördliche Ringstraße 10
91126 Schwabach
Tel: 00800-43 82 00 00
Fax: 09122-88 51 989
www.tierregistrierung.de

Interessante Links zu Internetseiten rund um den Hund:
www.partner-hund.de
www.hundefinder.de/hunde-
schulen
www.ferien-mit-hund.de
www.flughund.de
www.haustierratgeber.de

Der Verlag ist nicht für
den Inhalt von Internetseiten und
deren Links verantwortlich

Dank

Mein herzlicher Dank gilt Familie Schmitt, Tobias Volg und allen anderen Beaglefreunden für die fachliche Mitarbeit und Beratung sowie den steten Rückhalt in allen Fragen und Bereichen.

Ganz besonders danke ich auch Desiree Schwers, dem Verein Jagdbeagle e.V., Anja Schöffel (Zwinger „vom Lerchenfeld") und Carsten Gartzke (www.baumschulbeagle.de) für Ihre Unterstützung und die Bereitstellung vieler toller Fotos.

Ein großer Dank geht außerdem an Karin van Klaveren (www.kvk-tierfotos.de und www.kisangani.de) für ihre einmaligen, direkt aus dem Leben gegriffenen Fotos. Ihre Bilder stellen immer wieder eine große Bereicherung für die Premium-Ratgeber-Reihe dar.

Herzlichen Dank Herrn Dr. med. vet. Thomas Laube für die Möglichkeit, in seiner Praxis in Salzgitter zu fotografieren.

Ein weiteres dickes Dankeschön geht an Ingrid Heindl (www.tierphysiotherapie-bayern.de) und Dr. med. vet. Susanne Winhart: Ihr fachlicher und persönlicher Rat ist mir stets eine große Hilfe.

Außerdem danke ich Familie Rohrmoser aus Großarl (Österreich) und ihrem liebevollen Zwinger „von der Bergheimat". Sie haben mir vor fast 12 Jahren vertrauensvoll meine Hündin „Luzie" alias „Kitty von der Bergheimat" überlassen.

Mein größter Dank gilt natürlich „Luzie" selbst. Mit ihrem überschäumenden Temperament, ihrer unglaublich lustigen Art und ihrem einmalig liebenswerten Wesen hat sie mir eine völlig neue Hundewelt eröffnet, die ich nicht mehr missen möchte. Danke, dass jeder Tag mit dir ein echtes Highlight ist! Hoffentlich gibt es noch ganz viele davon ...

Annette Schmitt

Bildnachweis

Alle Fotos von Karin van Klaveren, bis auf:
bede-Archiv, Seite: 72 unten
Carsten Gartzke, Seiten: 2 oben u. unten, 5 oben, 7 oben, 11 rechts, 12, 19, 21 oben, 24 oben, 29 unten, 32, 33 unten, 35(2), 38(2), 39, 40, 41 oben, 44 oben, 46, 47, 48, 49 oben rechts, 57 unten links, 74 oben, 81 unten
Annette Schmitt, Seiten: 3 oben, 6 unten, 11 links, 13, 16 unten, 18 oben, 20, 30, 31 unten, 42, 43, 51 unten, 62 oben, 63 oben, 66, 68 unten(2) u. Mitte, 69, 70(2), 72 oben, 74 unten, 75 unten, 83 oben, 85 oben, 88 oben, 89 unten rechts, 90 unten, 91 unten, 92 oben, 93(4), 94(3), 95 rechts(2), 96 unten(2), 98, 99, 100, 101(2), 102 oben, 103 Mitte, 105, 110 oben, 112 unten, 115 oben, 116 links, 117 oben, 118 links, 119, 120 oben rechts u. unten links, 121, 122 unten, 126
Anja Schöffel, Seite: 41 unten
Desiree, Schwers, Seiten: 8, 15, 16 oben links, 23 unten, 24 unten, 26 unten, 33 unten, 34, 37 oben, 49 oben links, 50 unten, 52, 55 oben links, 80(2), 84 oben, 86(4), 95 oben links, 96 oben, 97, 103 oben, 109, 111 unten, 114 unten, 117 unten, 122 unten, 124 links
Christine Steimer, Seite: 107 oben
Trixie, Seiten: 13(1), 25(1), 34(2), 35(1), 36(5), 37(4), 40, 44(1), 46(5), 47(2), 63(1), 64(1), 65(4), 67(2), 74(1), 75(1), 104(1), 110(1), 111(1), 115(1), 120(2), 122(2), 123(1)
Verein Jagd-Beagle e. V., Seiten: 10 oben, 44 unten, 50 oben rechts, 54 oben, 79, 84 unten, 91 oben, 112 oben

Register

Hinweis: Die in diesem Buch enthaltenen Empfehlungen und Angaben sind von den Autoren mit größter Sorgfalt zusammengestellt und geprüft worden. Eine Garantie für die Richtigkeit der Angaben kann aber nicht gegeben werden. Autoren und Verlag übernehmen keinerlei Haftung für Schäden und Unfälle. Der Leser sollte bei der Anwendung der in diesem Buch enthaltenen Empfehlungen sein persönliches Urteilsvermögen einsetzen.

Impressum

Bibliografische Information der Deutschen Nationalbibliothek
Die Deutsche Nationalbibliothek verzeichnet diese Publikation in der Deutschen Nationalbibliografie; detaillierte bibliografische Daten sind im Internet über http://dnb.d-nb.de abrufbar.

© 2010 Eugen Ulmer KG
Wollgrasweg 41, 70599 Stuttgart (Hohenheim)
E-Mail: info@ulmer.de
Internet: www.ulmer.de
Umschlagentwurf: Sojus Design, Kai Twelbeck, Stuttgart
Titelfoto: Juniors/Juniors Tierbildarchiv
Satz: r&p digitale medien, Echterdingen
Repro: Timeray, Herrenberg
Druck und Bindung: Firmengruppe Appl, aprinta Druck, Wemding, Germany
Printed in Germany

ISBN 978-3-8001-6722-7

Tierisch gute Hundebücher.

Wer seine Leidenschaft für Hunde entdeckt hat, schätzt hier die interessanten und anregenden Informationen rund um den treuen Vierbeiner. Der Verlag Eugen Ulmer bietet Ihnen Fakten von A-Z.

Das große Ulmer Hundebuch.

Heike Schmidt-Röger
2008. 272 S., 280 Farbf., geb.
ISBN 978-3-8001-5376-3

Körpersprache des Hundes.

Frauke Ohl
2., erweiterte Aufl. 2006. 104 S.,
65 Farbf., 22 Zeichn., geb.
ISBN 978-3-8001-4926-1.

400 Hunderassen von A-Z.

Gabriele Lehari
2009. 255 S., 400 Farbf., geb.
ISBN 978-3-8001-5661-0.

Hunde pflegen.
Einfach - richtig - schön.

Anna Laukner
2009. 64 S., 70 Farbf., kart.
ISBN 978-3-8001-5795-2.

Ganz nah dran.